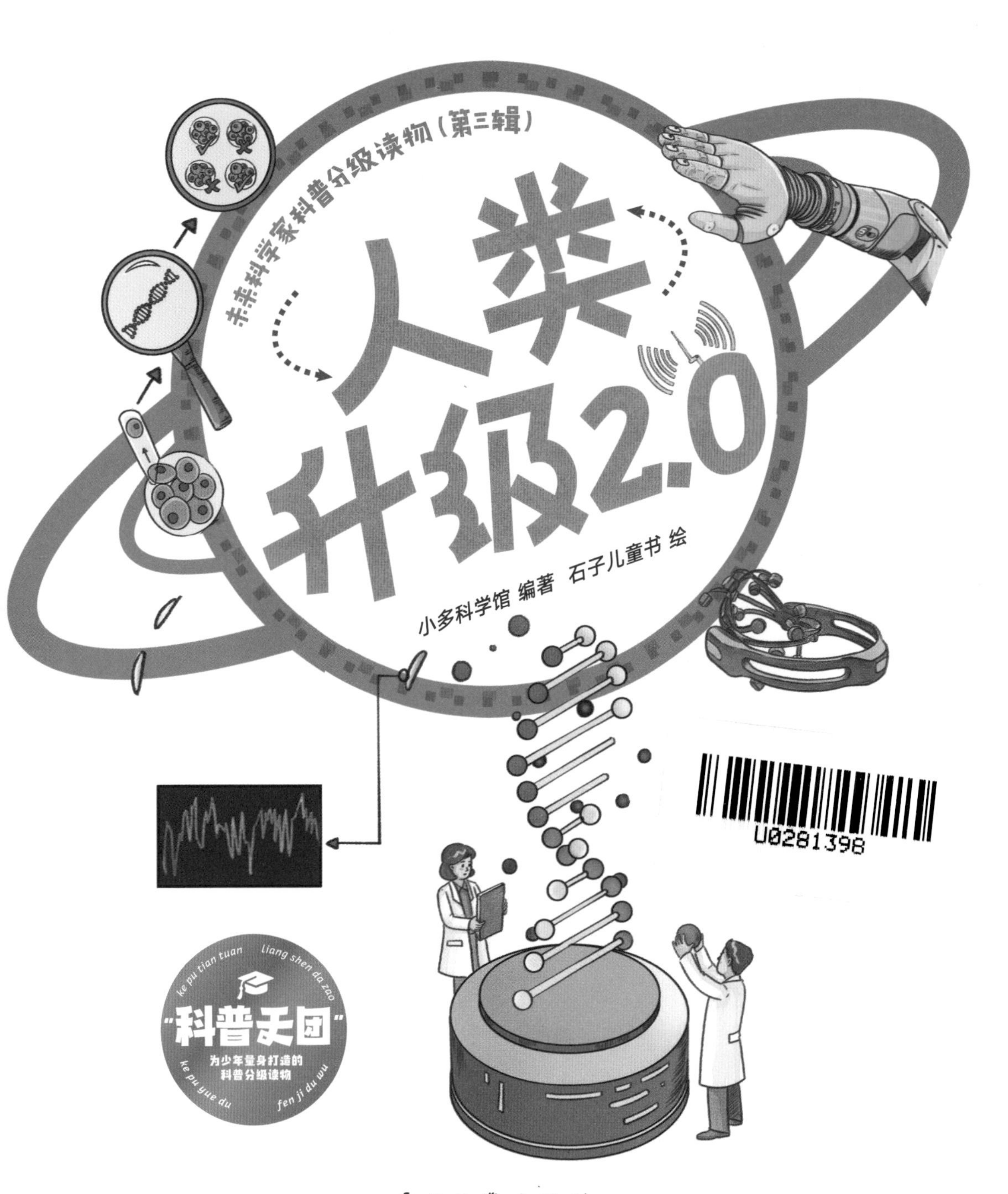

電子工業出版社
Publishing House of Electronics Industry
北京 · BEIJING

目录

人类从哪里来 · 4

我们是现代智人 · 4

接受自然的选择 · 6

进化造“人” · 8

基因突变是进化的根源 · 10

现代人加速进化 · 12

人类干预自身进化 · 14

人类能“转基因”吗 · 16

詹娜的担心 · 16

遗传的基本规则 · 18

基因过滤 · 20

备受争议的优生学 · 22

向“转基因人”说“不” · 24

迈入“人造生命”之门 · 26

生命的繁衍 · 26

人类制造 · 28

组装DNA · 30

第一个父母是电脑的物种 · 32

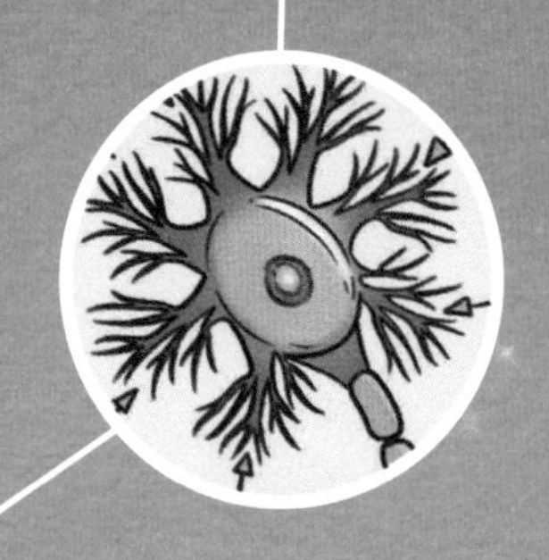

DNA的卫士·34

细胞的解构与再生 · 34

DNA末端的结 · 36

捍卫端粒 · 38

端粒酶是把双刃剑 · 40

制造灵巧的四肢·42

用义肢辅助生活 · 42

让胸肌成为手掌 · 44

脑肢通道 · 46

终于有了触觉 · 48

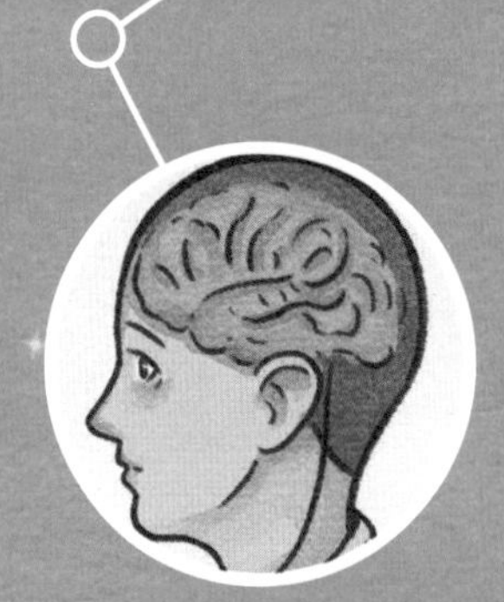

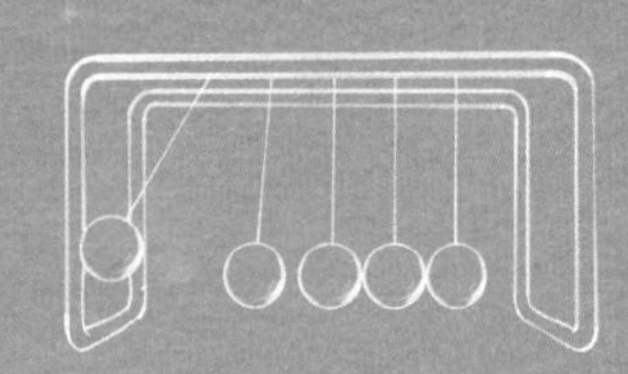

当物质触碰到思维·50

脑机接口 · 50

侵入脑颅 · 52

通过电线流出大脑的信息 · 54

有机体和无机体的接触点 · 56

同化入侵者 · 58

未来科学家小测试 · 60

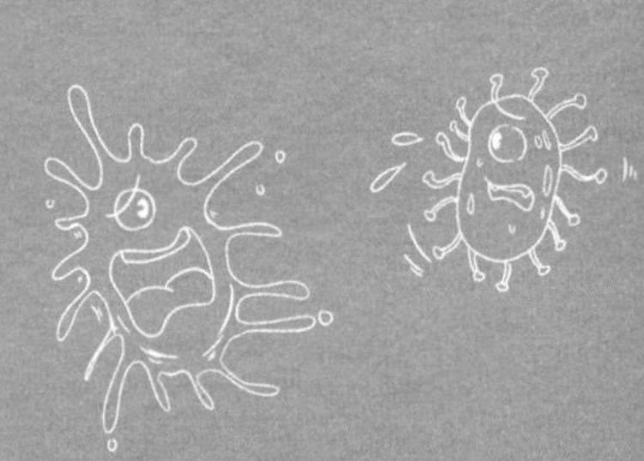

人类从哪里来

我们是现代智人

我们是智人。在生物分类学里，我们是现代智人。

智人是从猿人逐渐进化而来的。智人和猿人都是灵长类动物，同属灵长目。灵长类动物的出现时间可以追溯到距今约 6500 万年前。南方古猿属的出现时间可以追溯到距今约 400 万年前。人属出现在距今 240 万至 230 万年前的非洲，是从南方古猿属分支出来的。而智人从距今 20 多万年前，一直存活到现在。

众所周知，现代智人是迄今为止自然界中最高级的生物。在现代智人身上，囊括了世界上最复杂的物质组织形式与运动形式。那么，人类的这些特质究竟是如何形成的呢？

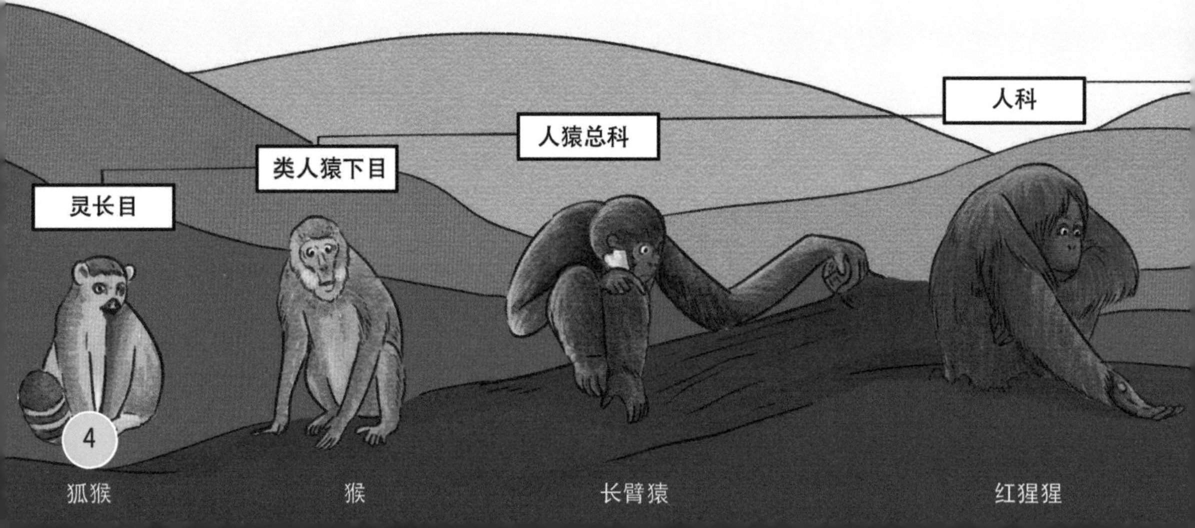

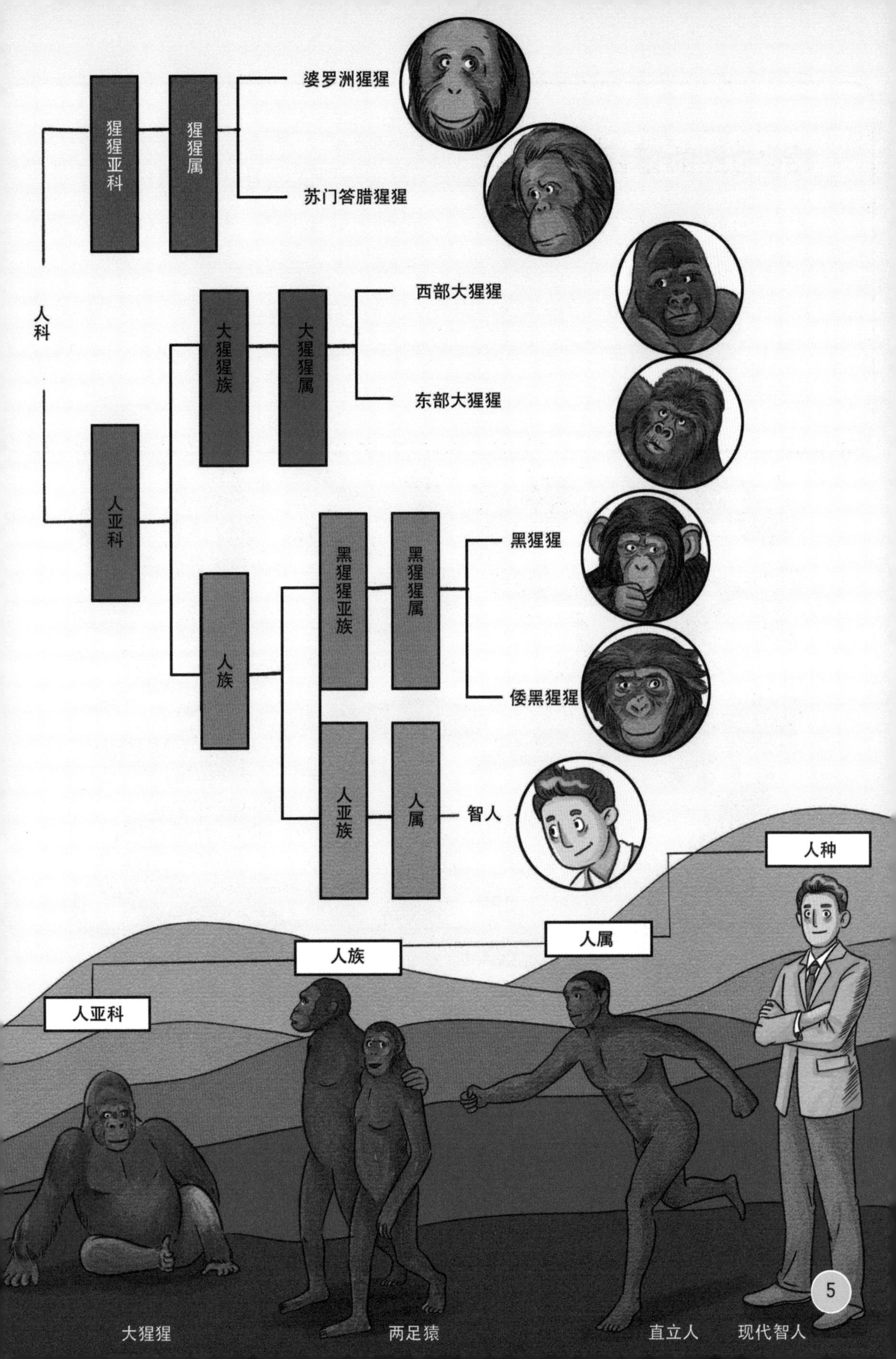

人科
猩猩亚科
猩猩属
婆罗洲猩猩
苏门答腊猩猩
人亚科
大猩猩族
大猩猩属
西部大猩猩
东部大猩猩
人族
黑猩猩亚族
黑猩猩属
黑猩猩
倭黑猩猩
人亚族
人属
智人
人亚科
人族
人属
人种
大猩猩
两足猿
直立人
现代智人

接受自然的选择

英国生物学家查尔斯·罗伯特·达尔文向人们表明，人类并不是生来就统御世界的，而是经过缓慢的进化发展而来的。达尔文的核心观点是：物竞天择，适者生存。在同一种群中的个体存在着变异，那些具有能够适应环境的有利变异的个体将存活下来，并繁殖后代，不具有有利变异的个体就会被淘汰。如果自然条件的变化是有方向的，那么在历史进程中，经过长期的自然选择，微小的变异会不断地累积成为显著的变异，这有可能导致亚种和新种的形成。任何生物的进化都要经历这样一个过程。

大多数的蛾子只在晚上才出来活动。白天它们会躲在黑暗的地方或通过自身不醒目的颜色来伪装自己，以免受到鸟类或其他生物的攻击。能够很好地和所处环境融为一体，可以帮助它们逃避捕食者的攻击。但是，并非所有的蛾子都能做到这一点。那些不善伪装的蛾子将会遭到天敌的捕食，而那些隐藏得比较好的蛾子则会幸存下来。经过几代的繁衍生息，新一代蛾子的伪装技能将进化得比它们的祖先更强。以上便是一种进化过程，称为自然选择。在地球上生存的每一个物种都面临着这种选择。“自然选择”会使物种发生改变，以便更好地适应其周围的环境。这些改变叫作“适应”。

在上面的那个例子里，以昆虫为食的鸟类就是蛾子生存环境中的一个组成部分。同样，蛾子也是鸟类的生存环境中的一个组成部分。地球上生存着的每一个有机体都要与成千上万种其他的物种打交道，以这样或那样的方式相互影响。最终的结果便是生态平衡，而生态平衡又无时无刻不在进行着微调。

进化造“人”

我们可以通过化石和 DNA（脱氧核糖核酸）来了解我们的祖先。

头骨化石能够告诉我们很多有关人类进化的信息。从头骨化石的形状和大小，我们能够看出最早的人类（能人）的脑很小，他们的脑容量仅为 600 ~ 800 毫升。他们的前额后倾，下巴比现代人的下巴大，而且更加突出。虽然能人和现代人长得不一样，但我们可以认出能人是人类的亲戚。因为从外表上看，能人长得更像人类而不像猩猩。

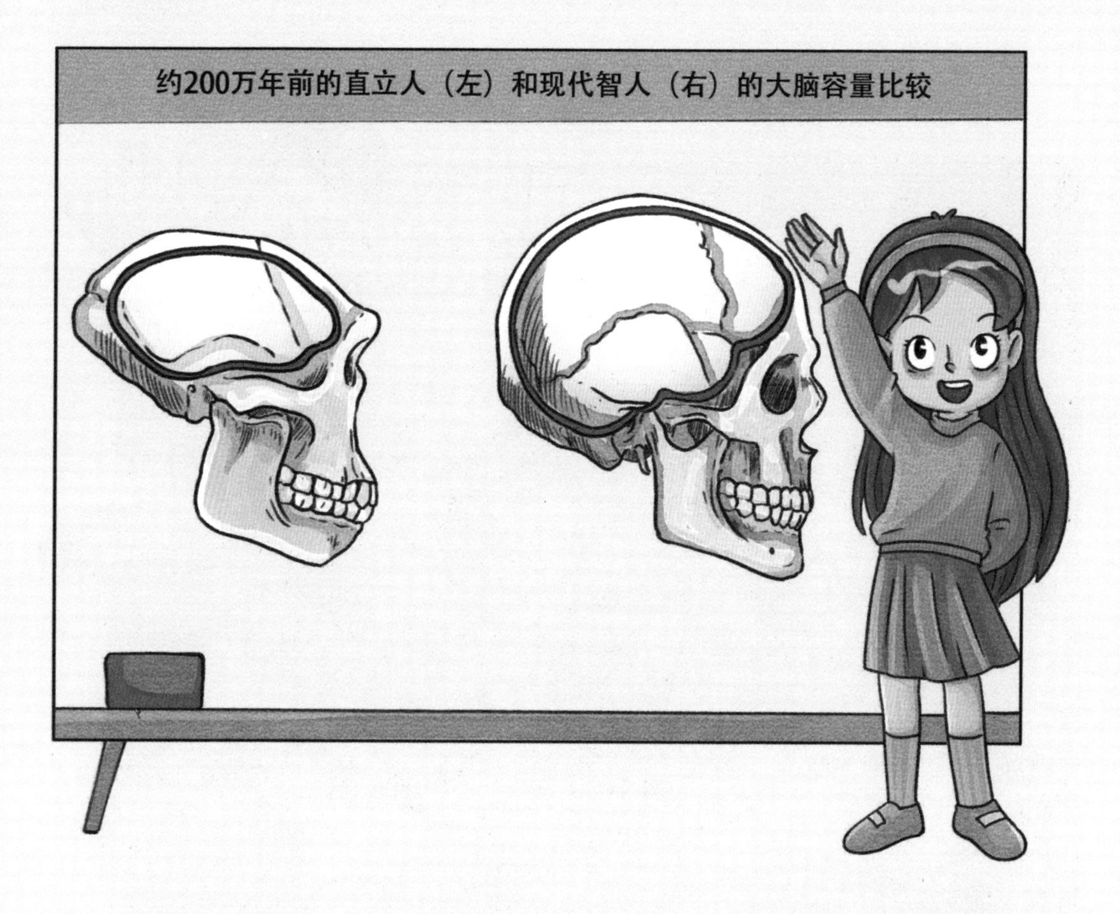
约200万年前的直立人（左）和现代智人（右）的大脑容量比较

随着时间的推移，人类的脑容量变得越来越大，头骨也随之变得越来越圆。现代人之所以长着高高的前额，正是因为脑容量特别大。随着人类的头骨大小和形状发生改变，人类的下巴和牙齿也变得越来越小。这是因为那时的人类已经能够使用工具将食物切开或碾碎，而不必仅仅依靠牙齿撕咬。大块下颌肌肉以及巨型牙齿变得不再重要，它们很快变得比以前小多了。而食物对人类进化的重要性远不止于此。

人类大大的脑袋需要大量的葡萄糖来维持运行。科学家们计算过，如果只吃那些需要耗费大量能量才能消化掉的生的食物，人类基本上需要一天吃个不停才能生存下来。火的发现以及将火用在烹制食物上，对人类的进化产生了巨大影响。用火烤熟的食物更加容易消化，用火烹制食物使人类的祖先只吃一定量的食物就能够满足大脑的能量需求，而不用一天到晚地吃个不停。与此同时，进化规律起作用了，人类身上的肌肉与其他猿类相比变得不那么强壮。此外，人类的肠子也变短了，这样一来，一些原来补给肌肉和消化器官的能量此时就可以补给大脑了。

现代人类（智人）于距今 20 多万年前出现，大约在距今 13 万到距今 9 万年前走出非洲地区。这些智人的脑容量已经超过 1300 毫升。线粒体 DNA 不仅隐藏有人类迁徙的方向和时间等信息，而且记载了与其他种类的人类相遇的信息。

基因突变是进化的根源

上面所描述的是人类在“物竞天择，适者生存”原则下的进化方向。那么，在进化的个体里，比如说在人体里，是哪些物质的变化导致了这样的进化过程呢？

将从人类骨骼和基因组中获取的信息组合起来，我们就可以解释这些变化。人类的基因揭示了人类的进化历程，包括人类是什么时候离开非洲地区到世界各地繁衍生息的。

研究证明，人类的脑容量变大与一类基因的改变有关，是这些基因控制着脑部和肌肉中的物质对葡萄糖的利用。生物的进化归根结底是基因突变引起的，而一个基因的微小突变就有可能引起生物的重大改变。生物的进化过程，不是一个缓慢上升的斜坡，而是一连串的台阶。

许多基因突变与食物、疾病有关，而食物和疾病又因不同人群以及其所处地理位置的不同而不同。例如，人类在婴儿时期大多能够消化乳糖（一种在牛奶中发现的糖类），但成年后却丧失了这种能力。在距今大约 7500 年前的欧洲，一个与消化乳糖有关的基因发生了突变，这一突变让人类在成年后也有能力消化乳糖。能够吸收牛奶营养成分的人慢慢地淘汰了那些不能吸收牛奶营养成分的人，于是可以消化乳糖的人遍布欧洲。此后不久，乳品业在欧洲兴盛起来，牛奶及乳制品自此成为欧洲人饮食结构中的重要组成部分。

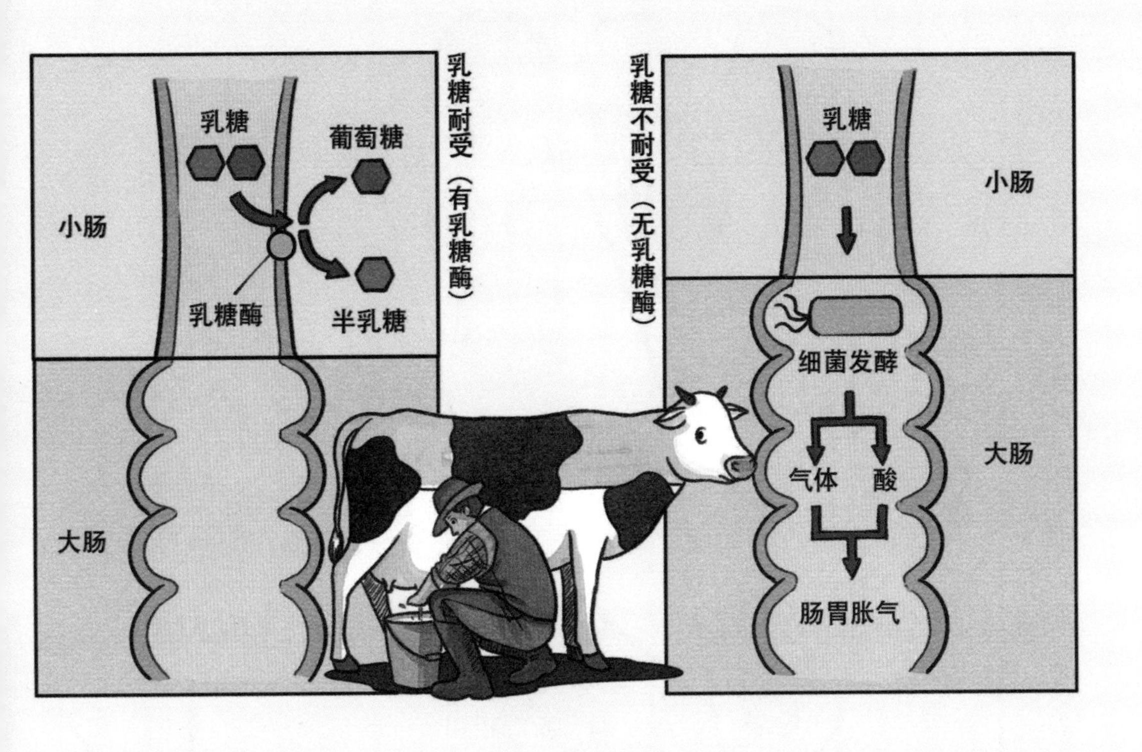

人类的进化同样受到疾病的影响，其中一些变化是最近才发生的。14 世纪，黑死病在亚洲和欧洲的部分地区肆虐，夺走了上千万人的生命。然而，并非每一个染上黑死病病毒的人都会因此丧命，其中一些人并没有发病。这些人因为一种基因突变而获得了部分或全部免疫。这种基因突变会遗传给他们的子孙。如今，这种基因可以在许多地区的人体中找到，在遭受过瘟疫或其他传染性疾病侵袭的地方，这种情况更是十分常见。

现代人加速进化

人类学家对来自 4 个种族的 270 名志愿者进行了基因组分析。结果发现，现今的人类基因与 5000 年前的人类基因已经存在很大的差异，且这些差异大于 5000 年前人类与 4 万年前穴居人之间的进化差异。这说明人类的进化速度在加快，尤其是最近 5000 年来，进化的速度比以前更快了，人类已经开始在“跑步前进”了。

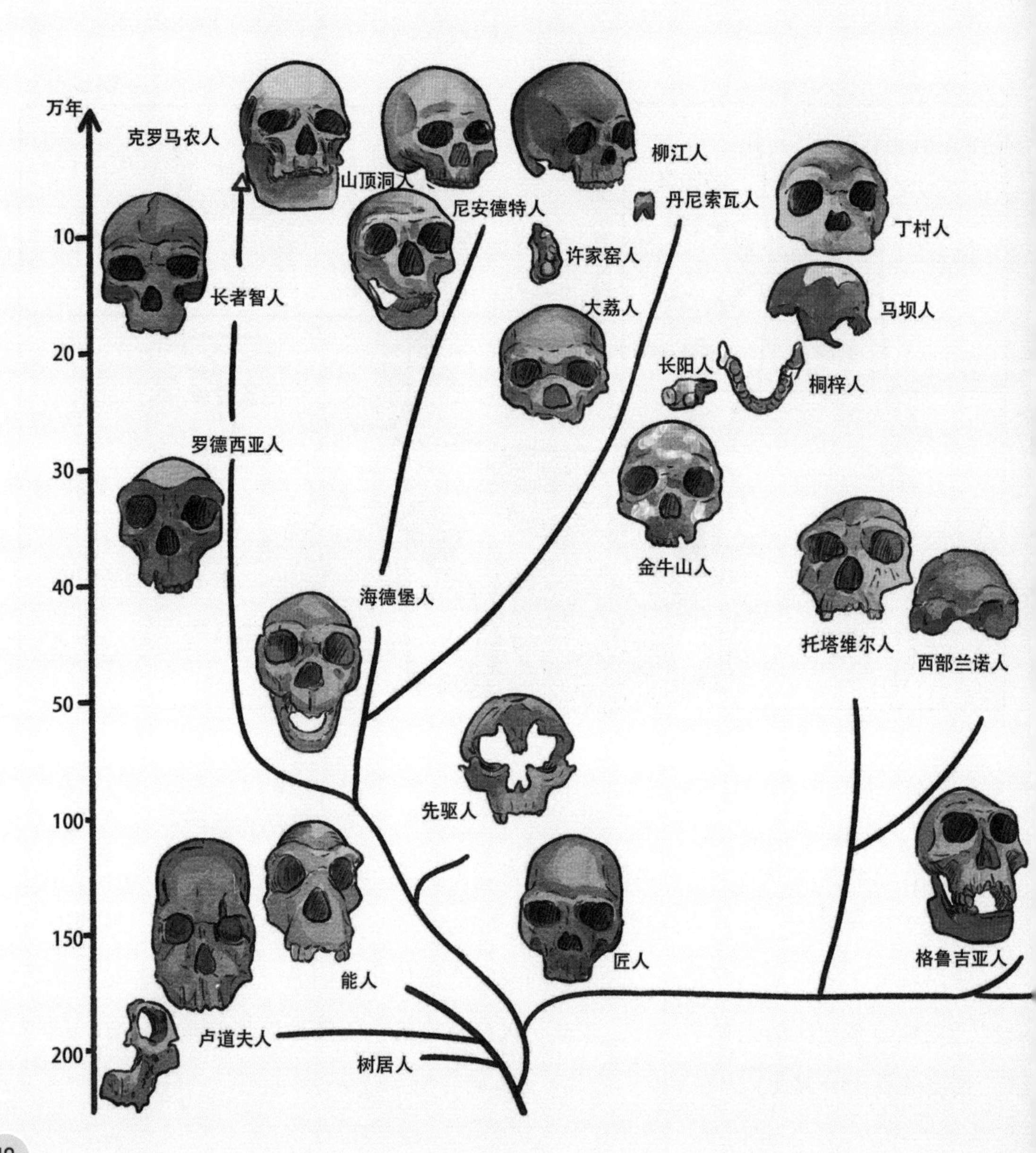

在食物极大丰富的条件下，人类的生存和繁衍都变得比以前更容易。因此人们可能会以为，人类基本上已经不再向前进化了，而实际情况并非如此。美国犹他大学人类学家亨利·哈彭丁领导的研究小组发现，人类基因组中有大约 1800 个基因呈加速进化状态，这一数目大约占到整个人类基因组的 7%。最主要的原因是地球每天都在变化。与人类生活密切相关的地球变化，主要是地球磁场的变化。地球磁场最近几千年来正在加速减弱。地球磁场的减弱，意味着地球接受的太阳辐射会增

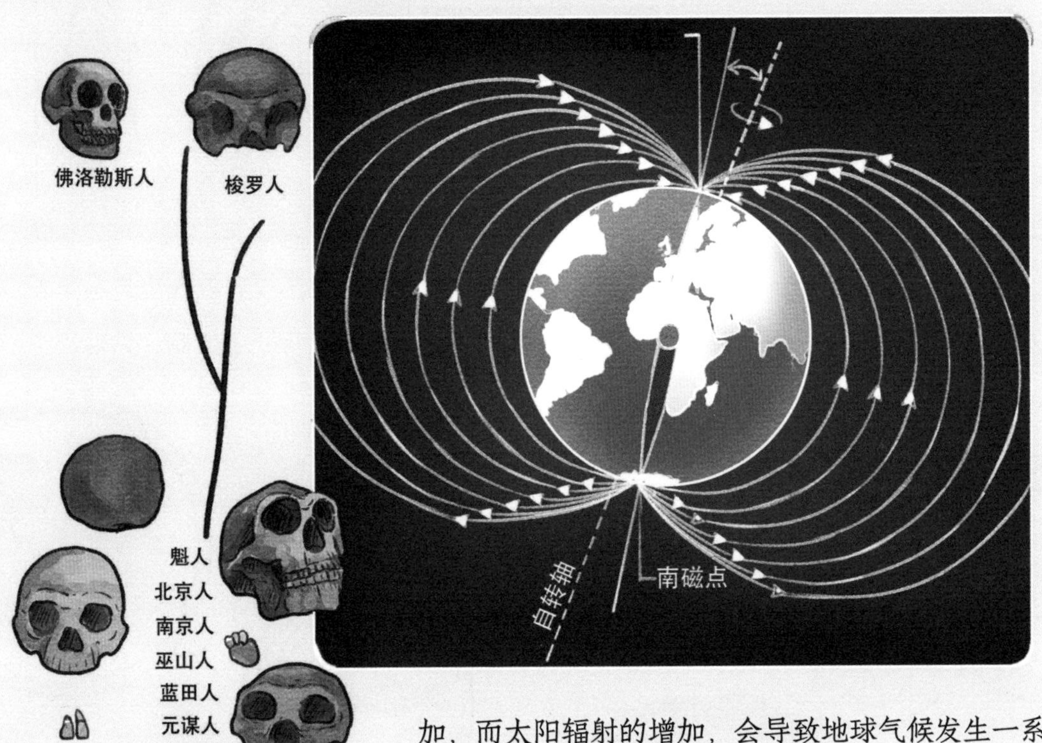

加，而太阳辐射的增加，会导致地球气候发生一系列变化，相应地会导致人类的生活环境发生一系列变化。人类作为地球生物，为了生存和繁衍，势必要自觉适应这种变化带来的一切后果，这就迫使人类不得不“加速进化”。

另一个主要的原因是人口膨胀。随着人类自身的不断发展壮大，人口增长的速度也在逐渐加快，特别是近 5000 年来。当人口激增时，人体基因组的基因变异数量也会随之增加，在这种情况下，那些有益于人类生存的变异基因被选择的概率也会增大，并得以逐渐传遍整个群体。

人类干预自身进化

在人类的进化史上，道德、语言、艺术、科学等的出现，均具有里程碑的意义。一旦进化到这个阶段，人类的意识就已经上升为能够主宰人类自身——人类要干预自身的进化了。

早期的人们发现，近亲婚配更容易生出畸形、弱智或残疾的后代。于是，各地人群都陆续开始自觉地禁止近亲婚配。

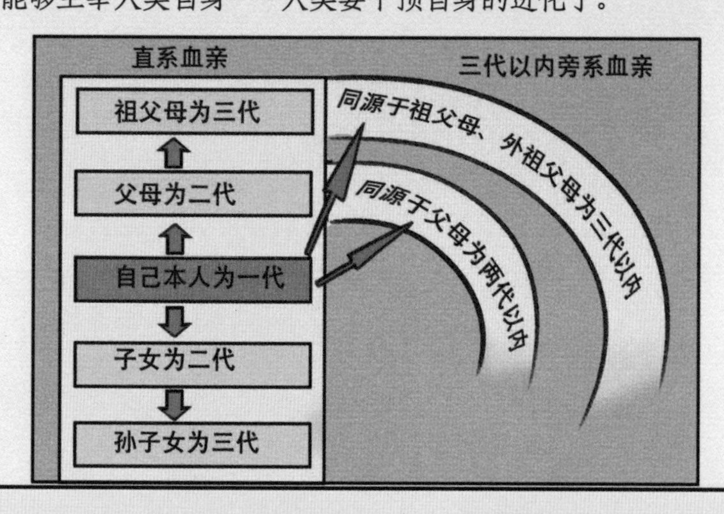

从现代遗传学的创立到对基因遗传病的认识，人类现在不仅可以在生产前为胎儿诊断几百种遗传病，而且可以对体外培养中的多个胚胎进行分子检测，然后再选择健康的胚胎植入子宫。

人类步入 21 世纪后，科学家已经能够使用简单的化学物质来制造有生命特征的细胞。通过基因工程，人类能够对自身基因进行“改良”，包括对人的生殖细胞中个别基因进行“修正”，直至重新构建整个基因组。靠自然进化要花成千上万年时间才能改变的东西，现在只需花一天时间就能通过基因改造来实现，而想要改变一群人也只需花一代人的时间。

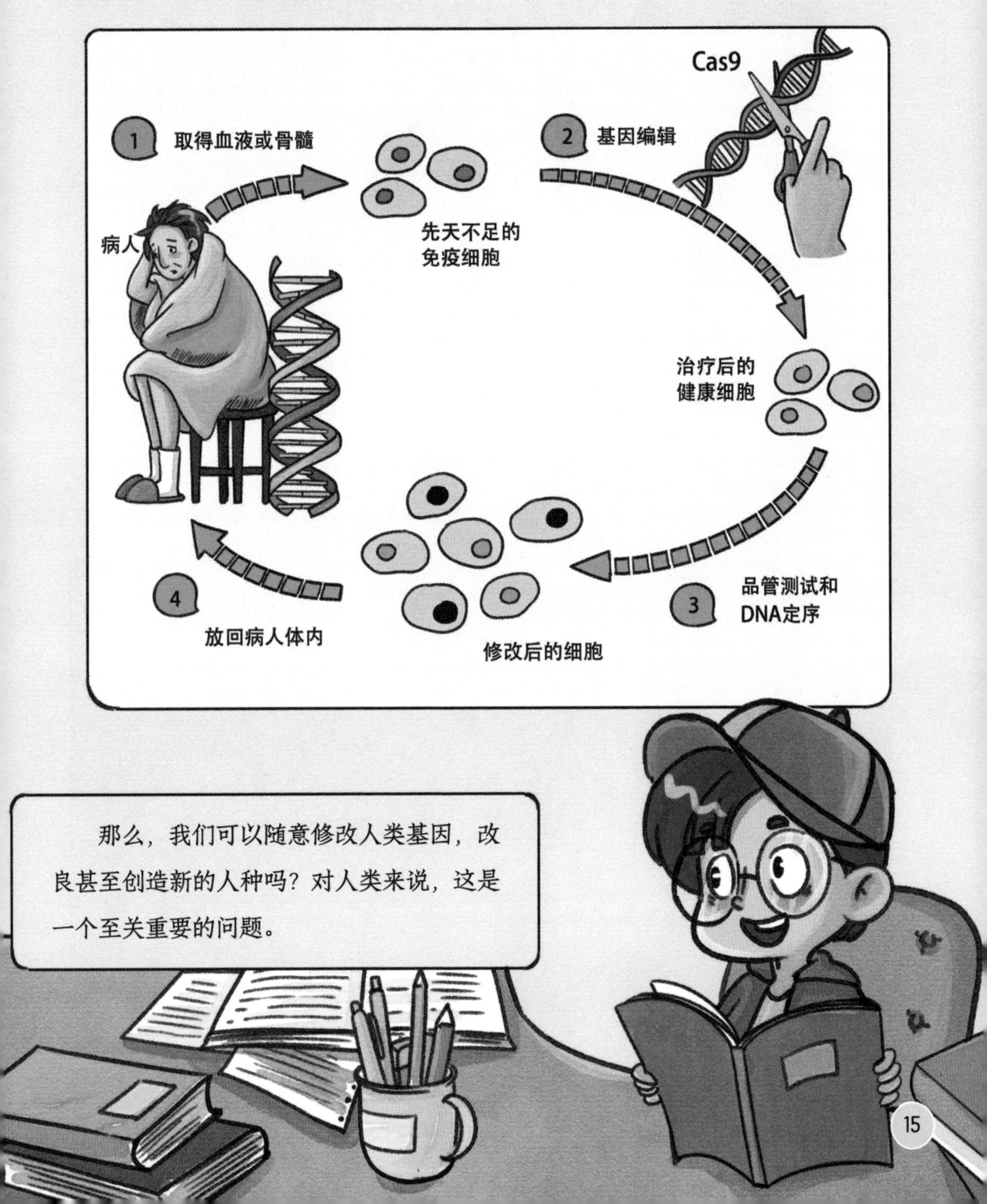

人类能“转基因”吗

詹娜的担心

詹娜的妈妈准备再生一个孩子，詹娜为此有点儿担心。原来，詹娜的姐姐阿丽莎很早就去世了。阿丽莎因为 FUCA1 基因发生了变异导致患上了岩藻糖苷贮积症。正常情况下，这个基因可以编码细胞中不可或缺的几种酶。

阿丽莎去世之后，詹娜才知道爸爸妈妈都携带有导致岩藻糖苷贮积症的基因。医生说，他们生下来的每个孩子有 25% 的可能患上岩藻糖苷贮积症。

事实上，父母都携带导致岩藻糖苷贮积症的基因时，50% 的后代是正常的，但是会携带致病基因，25% 的后代会患病，剩下的 25%，既没有患病，也没有携带这种基因。

	（父）$FUCA1^{+}$	（父）$FUCA1^{m}$
（母）$FUCA1^{+}$	$FUCA1^{+}$ $FUCA1^{+}$ 正常基因	$FUCA1^{+}$ $FUCA1^{m}$ 携带者
（母）$FUCA1^{m}$	$FUCA1^{+}$ $FUCA1^{m}$ 携带者	$FUCA1^{m}$ $FUCA1^{m}$ 患病

遗传的基本规则

承载 DNA 的结构称为染色体。人的细胞核里有 23 对染色体，这些染色体包含了一个有生命的人所需要的全部遗传信息。

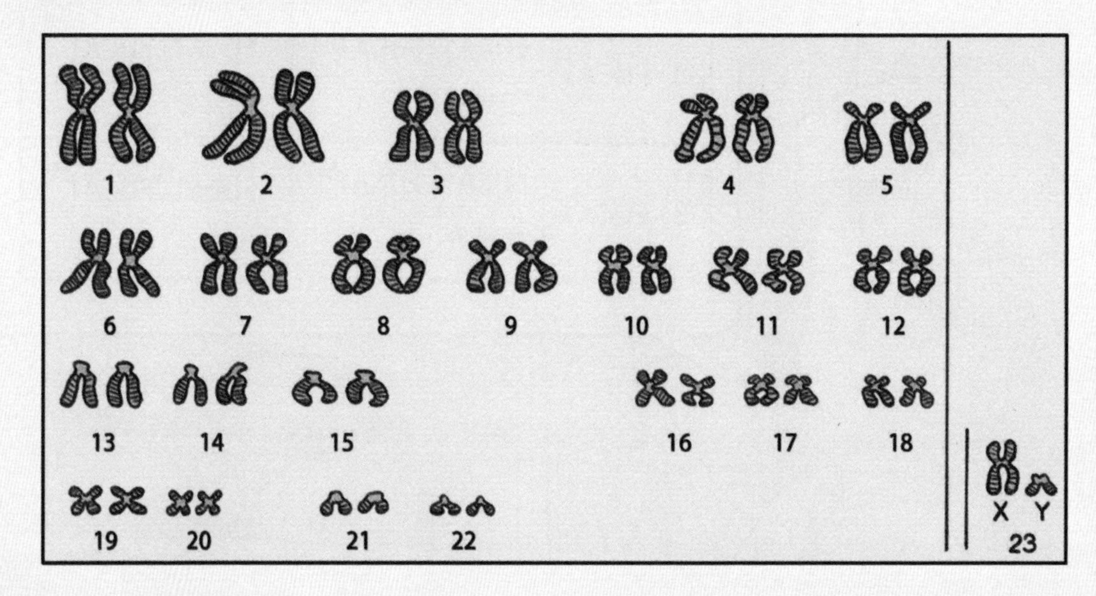

每对染色体中，一条遗传自母亲，另一条遗传自父亲。因此，每个人都从他的母亲那里继承了 23 条染色体，从父亲那里继承了 23 条染色体。它们组成了细胞里的 46 条也就是 23 对染色体。每条染色体上包含很多个基因，位于染色体上的各个基因都有固定的位置，这个位置叫作基因座。当成对的染色体相应的基因座上的两个基因相同时，这对基因叫等位基因。不过，有时候其中的一个等位基因会发生变异，使得那对基因有不同的等位基因。

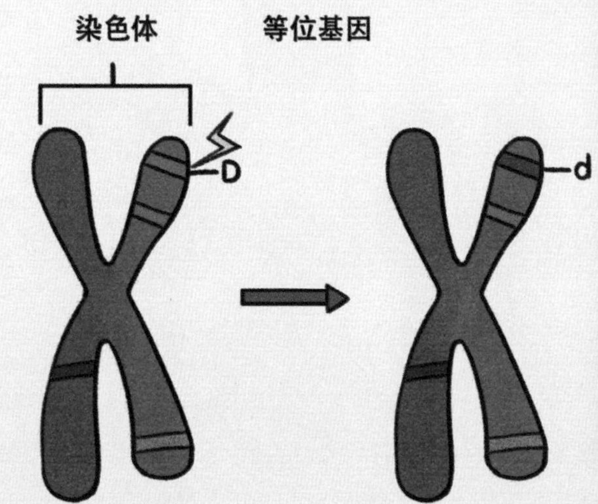

当个体带有一对不同的等位基因时，若其中一个等位基因对性状的影响显现出来，而另一个的影响未显现出来，则前者为显性基因，后者为隐性基因，如图中显性基因 D 和隐性基因 d。

变异的基因会让人生病，也会遗传给后代。在同一个基因座上的一对等位基因中，只要有一个变异，身体就会呈现病变，我们把这类基因称为显性基因；必须两个基因同时变异，才会呈现病变，这类基因叫作隐性基因。

导致岩藻糖苷贮积症的基因是隐性基因。也就是说，除非父母双方都遗传给子代导致岩藻糖苷贮积症的基因，否则子代不会得岩藻糖苷贮积症；只继承了父母中一方的导致岩藻糖苷贮积症的基因的子代是这种基因的携带者，不会发病。

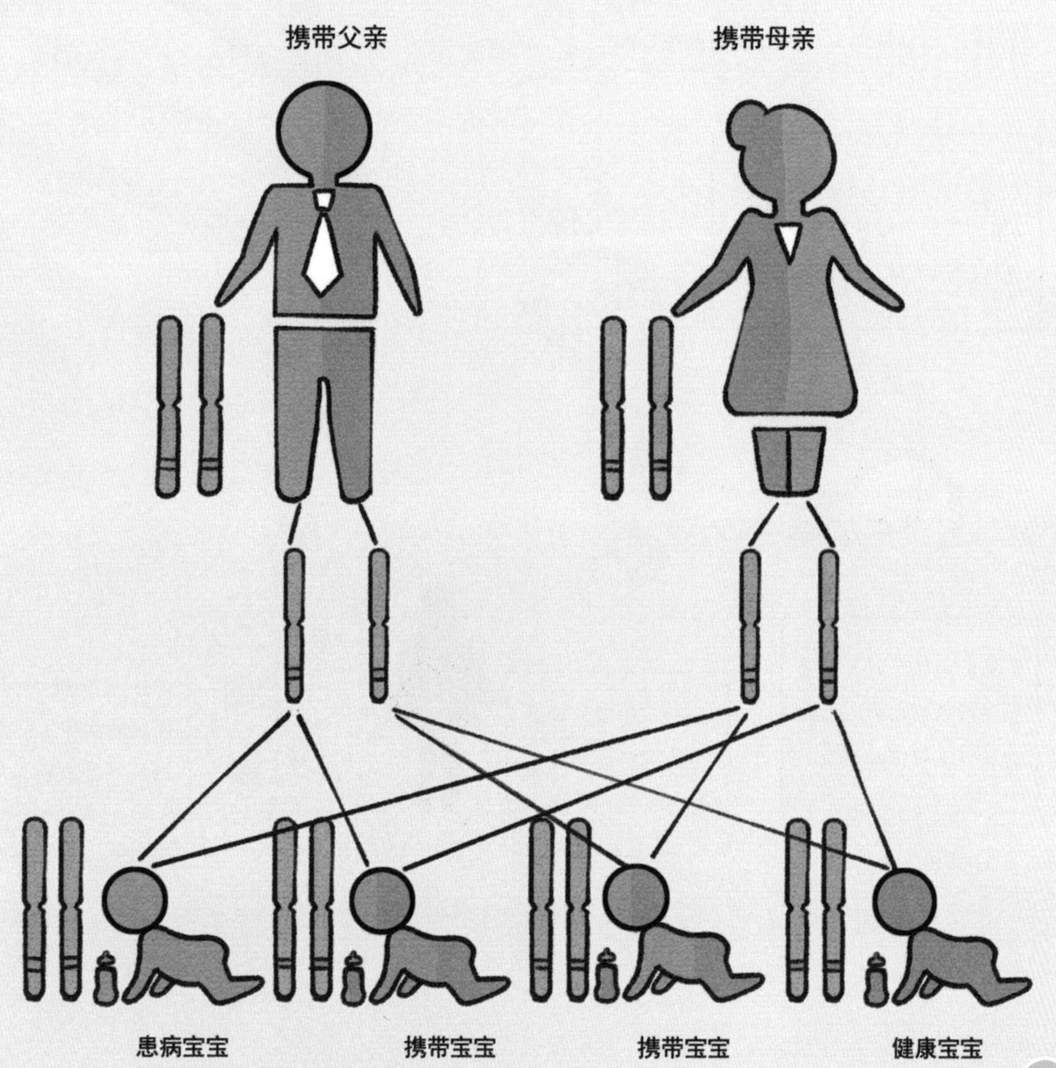

基因过滤

詹娜的妈妈告诉她，不必担心，他们会在胚胎着床前进行基因诊断，保证未来的弟弟或妹妹跟她一样，带着健康的基因出生。

他们这次打算采用人工授精的方式受孕，就是在试管里对卵子授精，再将受精卵移植到妈妈的子宫里面生长。

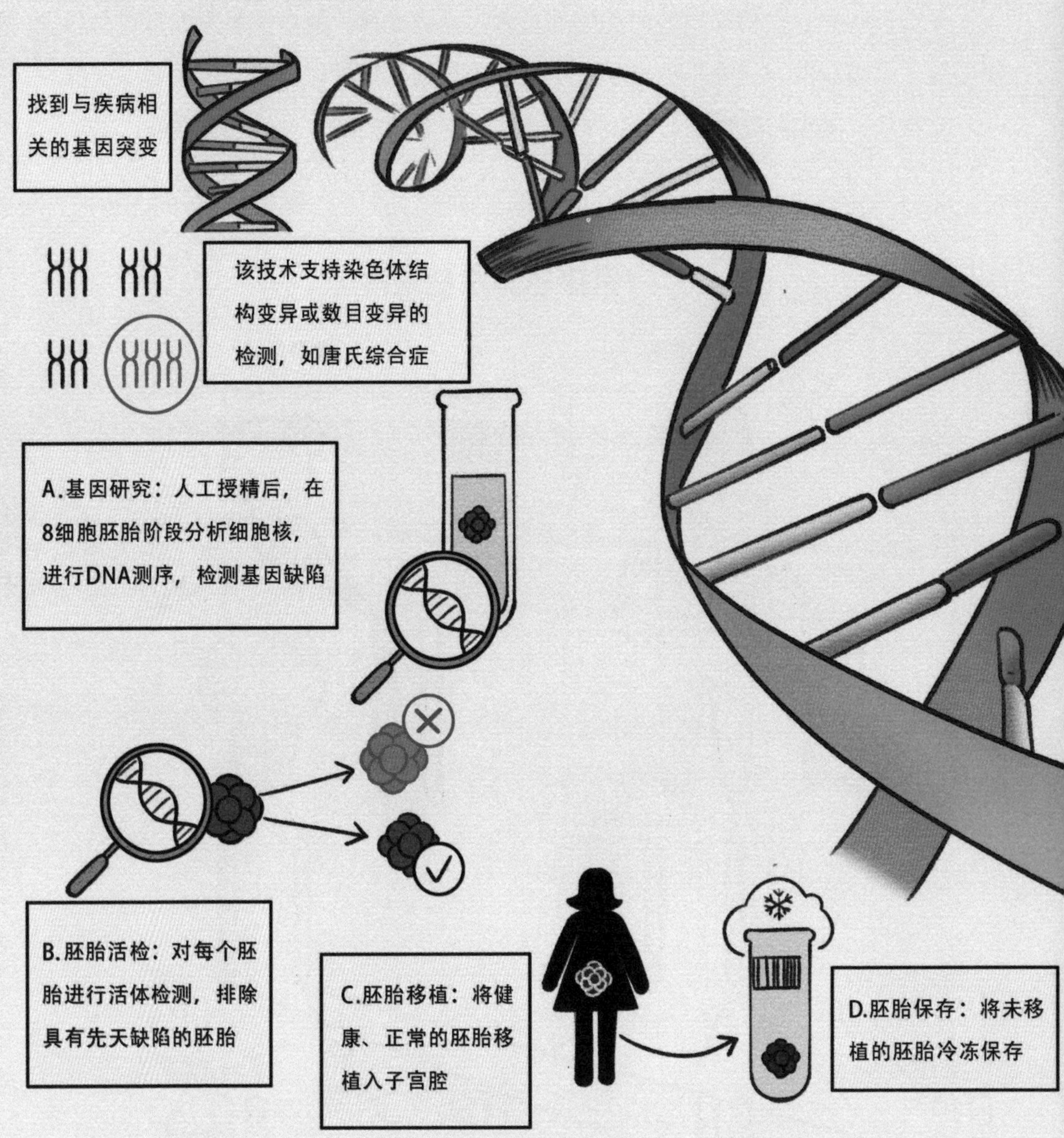

他们需要采取几项措施，比如先给母亲打排卵针，让母亲排出多个卵子，然后对多个卵子授精。当胚胎发育到 8 细胞阶段（受精卵分裂 3 次后成为 8 个细胞）时，就可以分析细胞核，对 DNA 进行测序，确定它的 FUCA1 基因上来自父本和母本的

基因座是否正常，并从中挑选一个 FUCA1 基因没有变异的胚胎。没有携带致病基因的胚胎会被送入子宫腔着床，两个星期后就可以验孕了。这就是“胚胎植入前遗传学诊断技术”。

从 20 世纪 90 年代开始，胚胎植入前遗传学诊断已经被用于筛查严重的遗传性疾病。据文献报道，胚胎植入前遗传学诊断能筛查多达 80 余种疾病，常见的包括 β-地中海贫血、脊髓性肌萎缩、镰状细胞贫血、亨廷顿病、肌营养不良等。

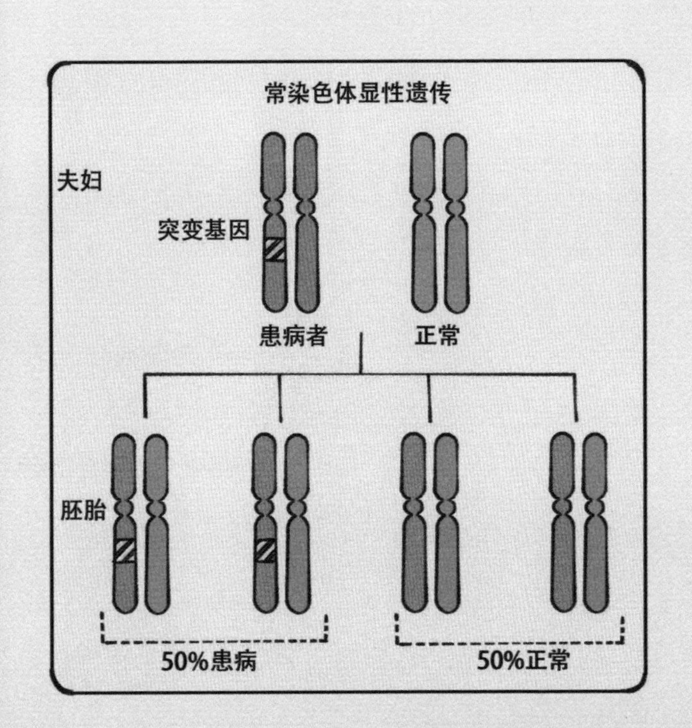

胚胎植入前遗传学诊断配合试管婴儿技术，将带有潜在疾病基因的胚胎提早销毁，留下没有问题的胚胎，这样不但能使有遗传病史的家庭有生育的机会，而且能通过筛检癌症等疑难疾病的基因，实现人口健康化。

备受争议的优生学

优生，是一个古老的话题。但“优生学”这个词直到 1883 年才由英国人类学家高尔顿创造出来。100 多年来，这门学科涉及的观念一直备受争议。

高尔顿在优生学中表述了人类用自觉选择代替自然选择的生育方式。后来在学术界，优生学又被分成“消极优生学”和“积极优生学”。

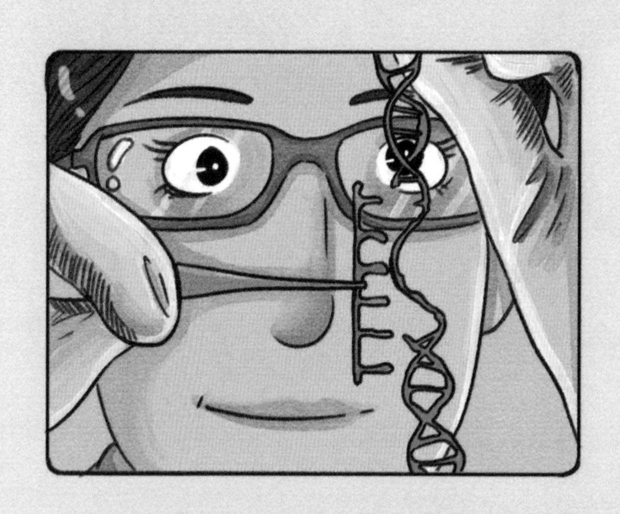

消极优生学的研究目的是防止或减少有遗传性和先天性疾病的个体出生，即劣质的消除。前文中詹娜的妈妈所采取的就是消极优生学的措施。

在消极优生学里，基因自然而然地来自父母，没有优劣之分，除非带有致病的因素。而积极优生学是要让那些能够表现出“优秀”性状的基因被优先遗传下去。

在 21 世纪，积极优生学不但可以挑选“好”的基因，删除“不好”的基因，还能插入非来自父母的基因。在这里，就要用到基因编辑技术。

最新的一项基因编辑技术叫作 CRISPR/Cas9。CRISPR/Cas9 的编辑过程简单来说，就是将向导 RNA、剪切蛋白 Cas9 和替代 DNA 输入细胞中。向导 RNA 确保切割发生在正确的位置，剪切蛋白 Cas9 将 DNA 的双链剪断，细胞自身的 DNA 修复机制会马上启动对 DNA 的修复。此时替代 DNA 片段被接入原有的 DNA。这样，就完成了对基因的修改。

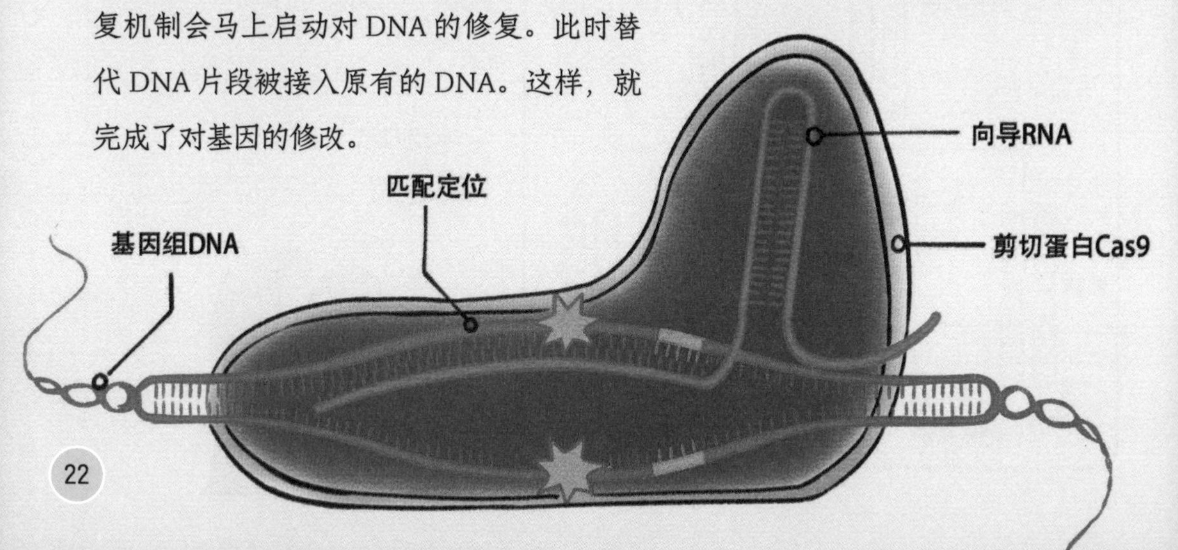

运用这项技术，我们可以帮助患有与基因损伤相关疾病的病人修复损伤的基因序列，以治疗疾病。目前在临床医疗中运用这种方法的有修正镰状细胞贫血患者的红细胞和编辑免疫细胞的基因来提高病人抗癌能力等。

任何体细胞基因的修改所产生的效果，只体现在接受治疗的患者身上，并不会被患者的后人继承。要想让修改过的基因遗传给后代，就需要修改生殖细胞或胚胎的基因。

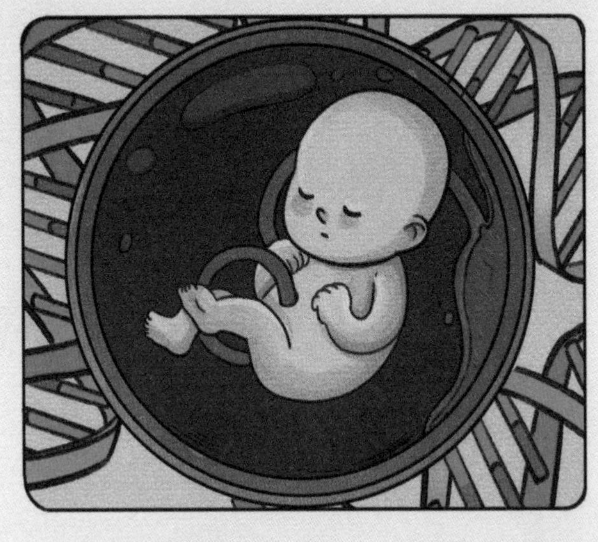

科学家认为，这项技术一旦实施不但能够消除产生疾病的基因，而且能够改变后代的一些特质，如智力水平和运动能力。比如身高偏低的父母，希望宝宝将来能长得高，就可以通过操纵基因来完成。父母甚至可以做一个愿望清单，描述自己想要的“理想宝宝”。科学家只要混合、匹配基因和等位基因就能制造出所谓的“设计婴儿”了。

向"转基因人"说"不"

这种对人类基因进行遗传性改造的技术，一出现就在全球范围内引发争议。争议内容不仅涉及科学技术的可行性，而且有伦理与道德问题。人体基因组有 2 万多个基因，科学家目前还没有掌握所有基因的功能及基因之间通过什么方式来产生可表现的性状。所以，对一个基因进行修改，有可能导致连锁的意外反应出现。比如，我们通过增加一个基因让一个人长得更高，同时也增加了他罹患癌症的风险。而这些不可知的性状，可能会通过遗传，一代一代地传下去。一旦进入遗传，基因变化将很难被消除。

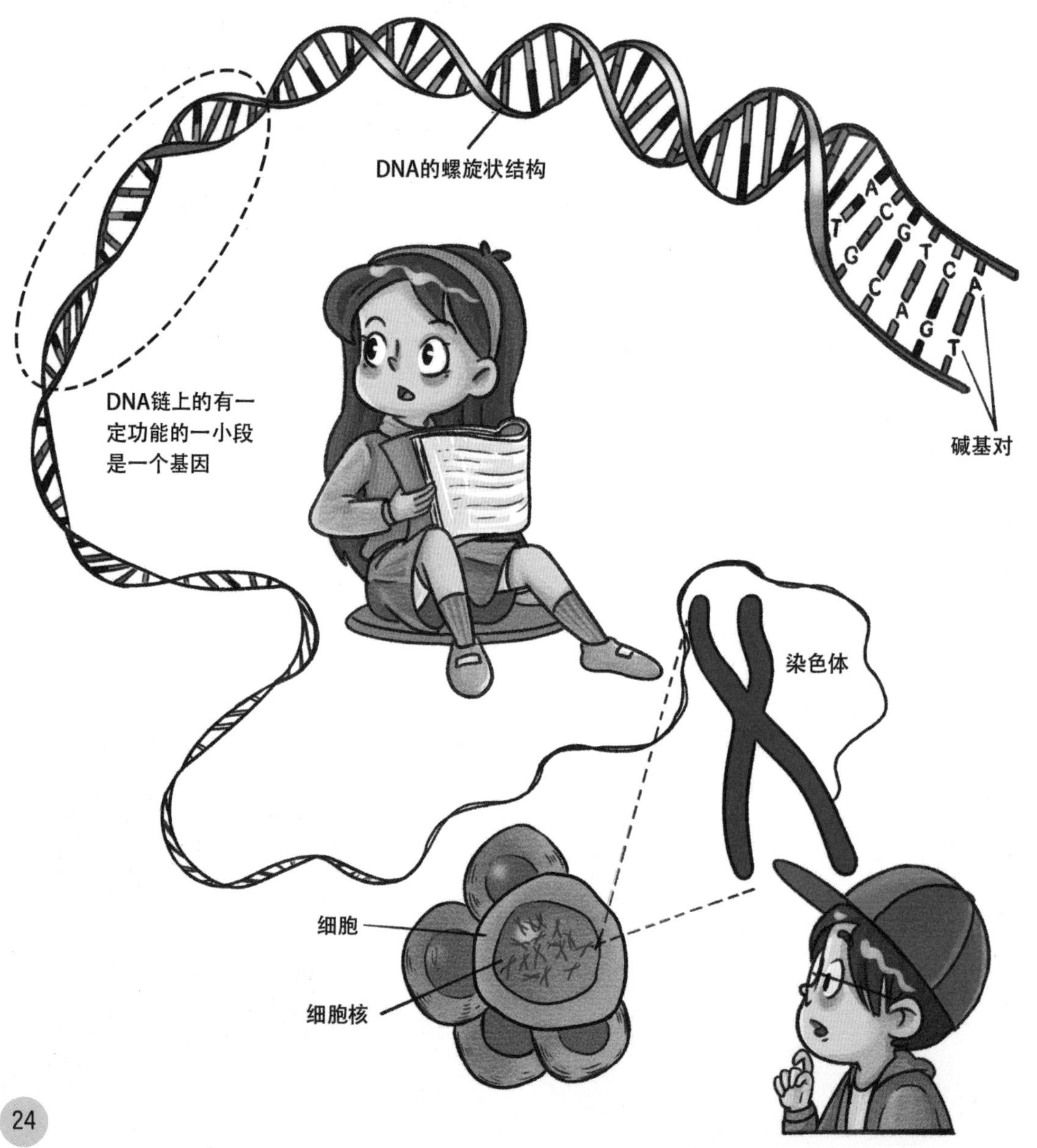

有人认为，有钱人更有可能利用这项技术改变自己的后代，使他们成为更加优秀的人，而普通人会更加处于劣势地位。也有人认为，这项技术让人类的生物多样性被限制在一个或几个理想品种中。一旦理想的生存环境发生改变，人类将会变得更加脆弱，甚至导致灭绝。

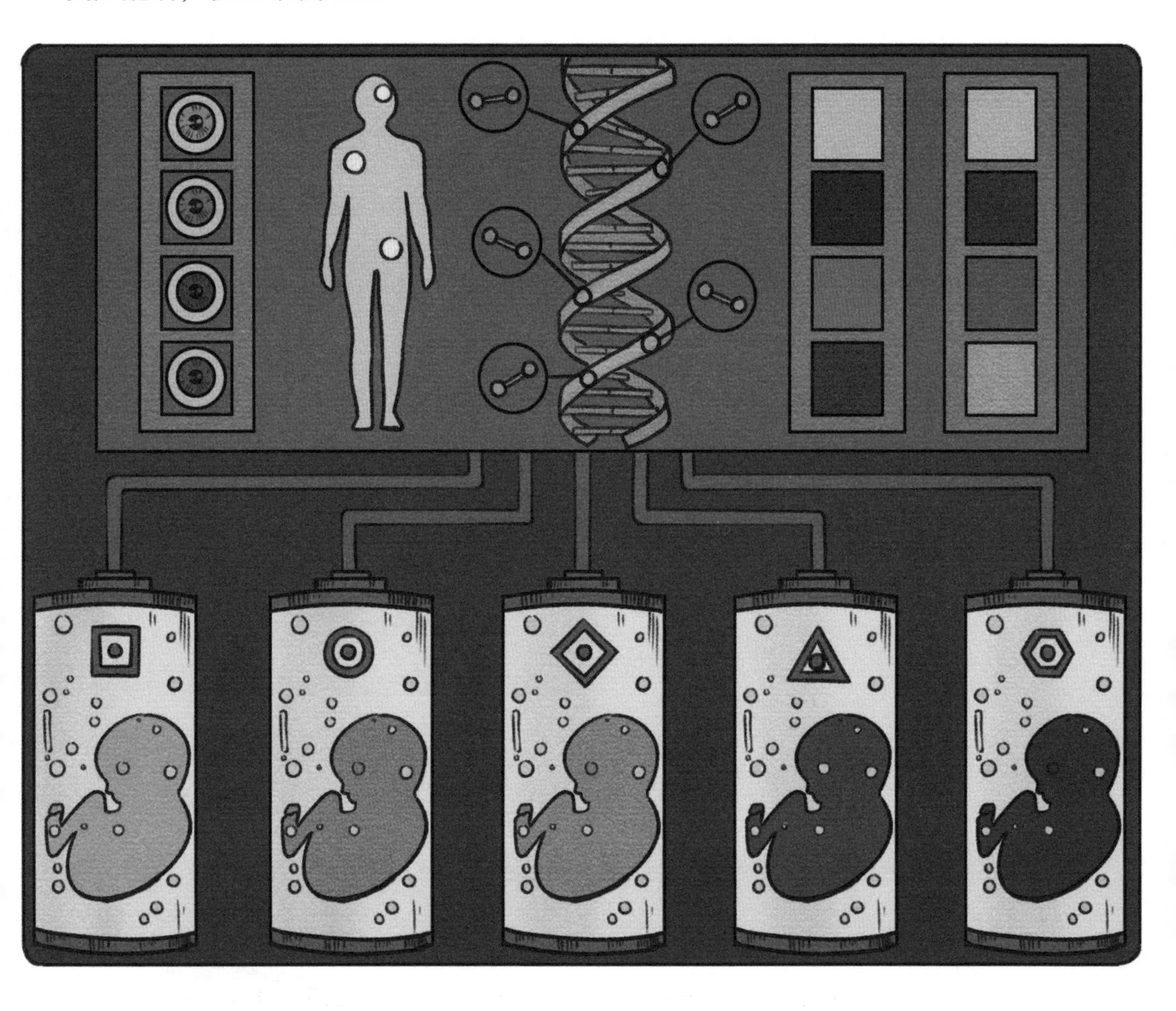

“用于临床的人类胚胎 DNA 修改，是一条不可跨越的界线。”人类基因组计划带头人、遗传学家法兰西斯 · 柯林斯声明，“就修改人类胚胎 DNA 而言，目前存在着无法估量的重大安全问题和伦理道德问题，而且并没有迫切的医学应用需求。”

不过，大门并没有被完全锁上。2015 年在华盛顿召开的人类基因编辑国际峰会发表的声明指出：“随着科学知识的进步和社会认识的发展，对生殖细胞编辑的临床使用应该定期重新审视。”

迈入“人造生命”之门

生命的繁衍

在40多亿年前甚至更加久远的某个时刻，自由游荡在火山口旁的热水中的甲烷、氨、磷酸等有机分子在相互碰撞后，偶然间发生了化合反应，形成了氨基酸、糖类等生物大分子。这些大分子进一步聚合，构成了具有特定功能的核酸、多糖与蛋白质。

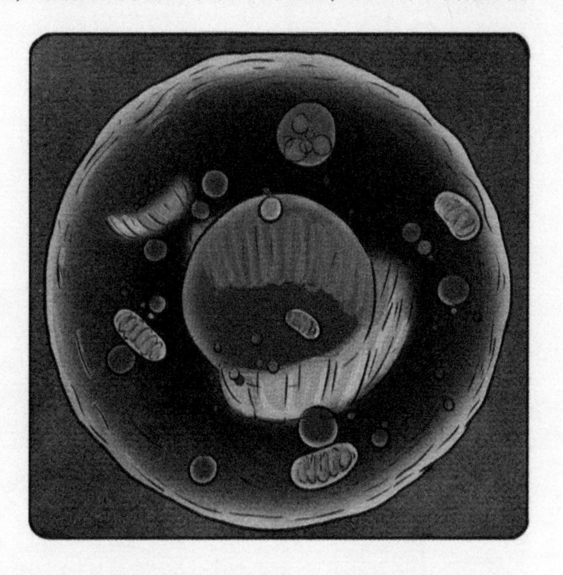

这些物质自发地聚在一起分工协作，使这个集体拥有了自我选择与复制的本领。最终，生物膜结构将它们与周围的环境相隔离，细胞由此诞生。以此为起点，经历了漫长岁月，地球上进化出了斑斓多姿的生命系统。

生命是一种奇妙的自然现象，它区别于简单的化学反应或者单调的机械运行，具有两个特征：首先，生命能从周围环境中吸收生存所需的物质，并排放出不需要的物质，这个过程叫作“新陈代谢”；其次，生命具有自我复制和繁殖能力，并且能把自身的特性传递给下一代，使新产生的后代具有与父母基本相同的特性。

自从人类文明发源以来，人类的祖先很早就学会了人工繁衍生命：种植农作物、驯化圈养牲畜，甚至通过杂交技术得到骡子、超级水稻等自然界本没有的生物。经过长期的研究与实践，人工改造过的细菌已广泛应用于食品加工、药物生产和环境治理等诸多领域。1996 年，克隆羊“多莉”诞生。它是第一只由体细胞核与去核卵细胞制造的人工胚胎孕育出来的哺乳动物，是人类在生物技术上的重大突破。然而，上述技术基本上都是对自然界已经存在的生命形式的改进。人类智慧所能参与的只是对生命零件的“组装”，还无法做到“制造生命”。

人类制造

2010 年 5 月，《科学》杂志报道了美国科学家克莱格 · 文特尔和他的研究团队在实验室中人工合成了一种名为蕈状支原体的DNA，并将它们植入另一种名为山羊支原体的细胞中。这是两种不同的支原体，而植入后产生的人造细胞表现出的是前者的生命特性。在人造 DNA 的控制下，新的支原体细胞能从环境中摄食，进行新陈代谢以及自我繁殖，也就是说它具备了生命的基本特征，成为历史上第一个被打上“人类制造”烙印的新物种。文特尔的团队将这种人造细胞称作“辛西娅”（Synthia，意译为“人造儿”）。

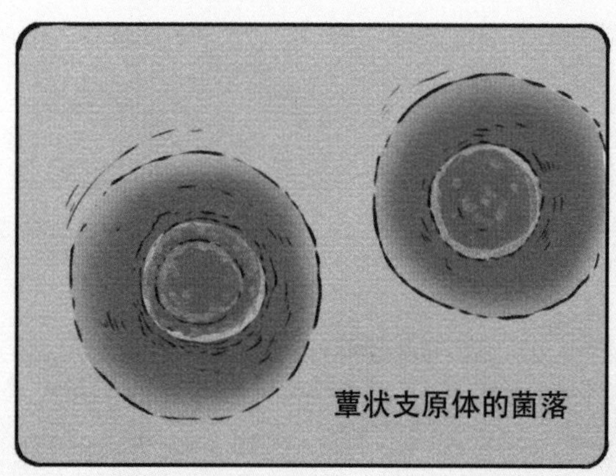

蕈状支原体的菌落

克莱格 · 文特尔

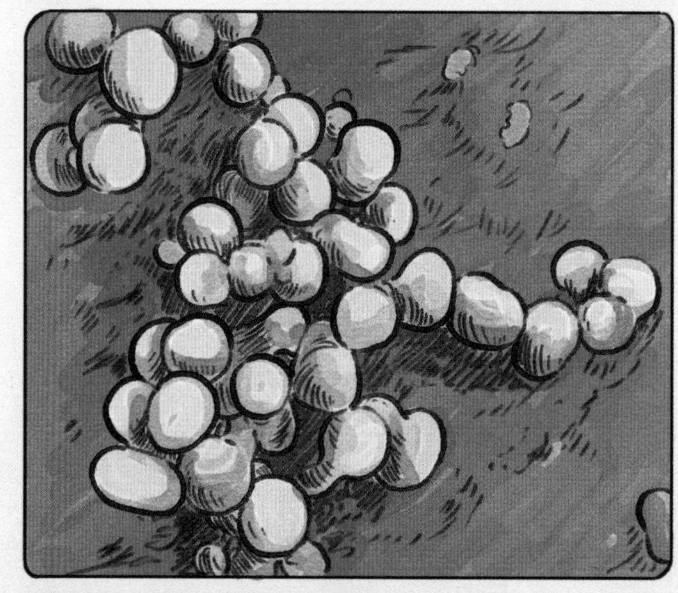

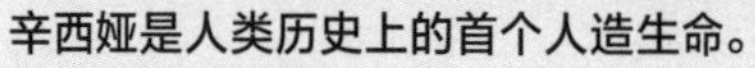

辛西娅是人类历史上的首个人造生命。

支原体是目前已知的地球上最小、最简单，并且能够独立完成自我繁殖的原核微生物。与其他细菌不同，支原体没有细胞壁，所以细胞形态不固定，有多种变化，但可以在培养基上形成极小的菌落。它的基因组很短小，便于人为操作，文特尔团队的研究就从这类简单的微生物入手。这项工作最早开始于 1995 年，文特尔团队在 2007 年掌握了在两种支原体间转移天然基因组 DNA 的技术。2008 年，他们又成功地合成了支原体基因组 DNA。人造细胞“辛西娅”就是将这两种技术合而为一的成果。

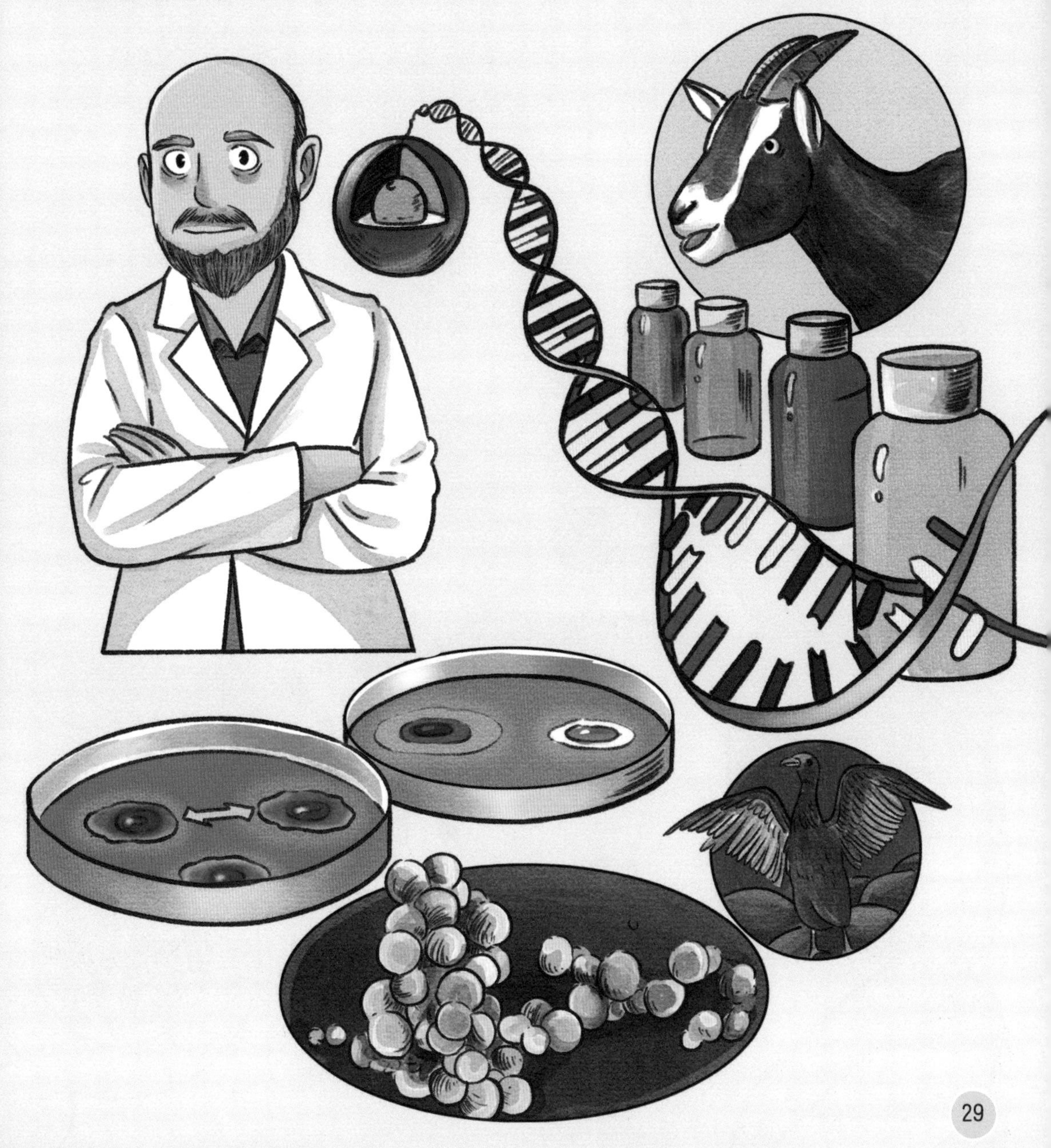

组装 DNA

通过基因测序技术，研究人员获得了蕈状支原体天然基因组的序列信息。即使是最简单的生命体，该基因组也含有超过 100 万个碱基。

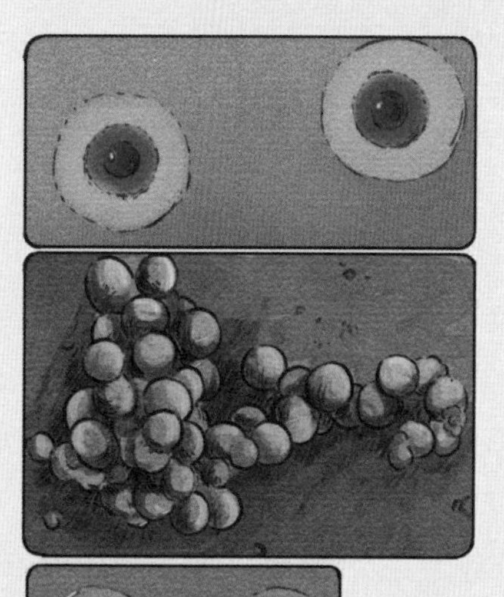

人类现有的机器还不能一下子就自动合成这么长的 DNA。因此，文特尔的团队就按照序列信息，先合成了 1078 条较短的 DNA 片段，它们平均有 1080 个碱基，然后在酵母细胞中进行拼接，再转入大肠杆菌或者利用生物技术仪器进行扩增，制成 109 条中等长度的 DNA 片段，再拼接成 11 条大片段，最终将所有片段拼接起来，构成蕈状支原体的全长基因组。

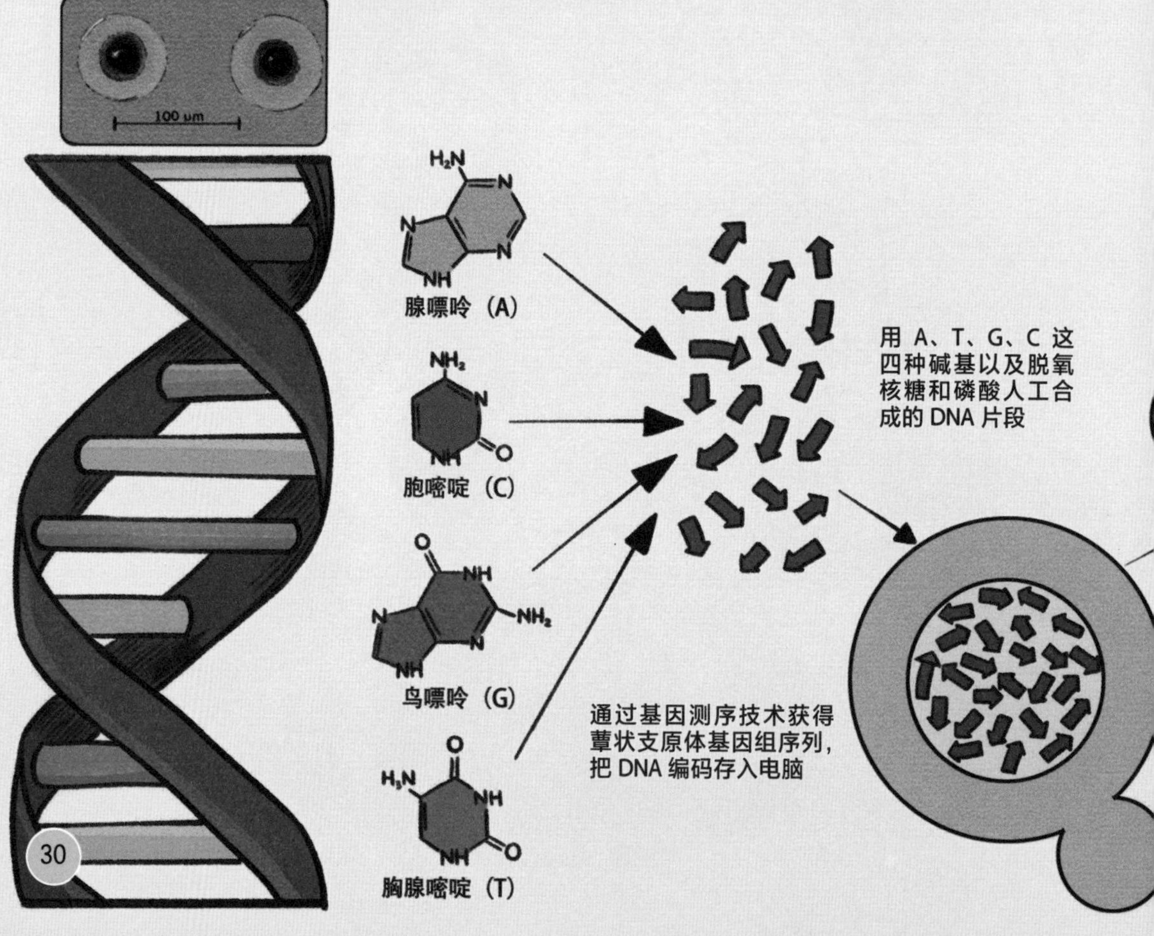

与天然基因组相比，这个纯人工打造的 DNA 片段稍有不同：研究人员去除了 14 个不重要的基因；为了与天然的 DNA 序列区分开来，研究人员在人工合成的 DNA 中添加了“水印”标记序列；为了防止这个人造的新物种可能存在未知风险，研究人员还在该基因组中插入了两个人为可控的阻断基因。

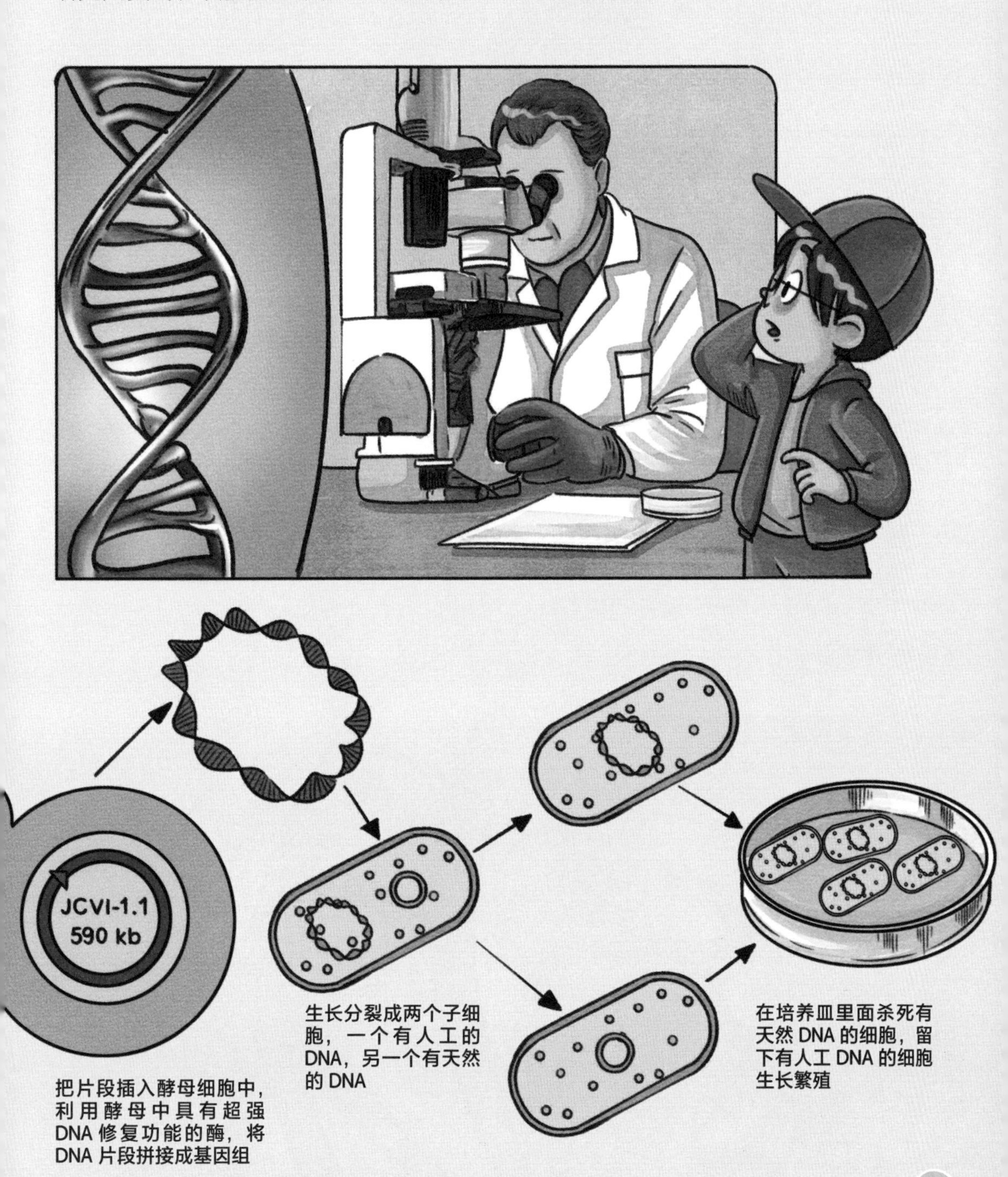

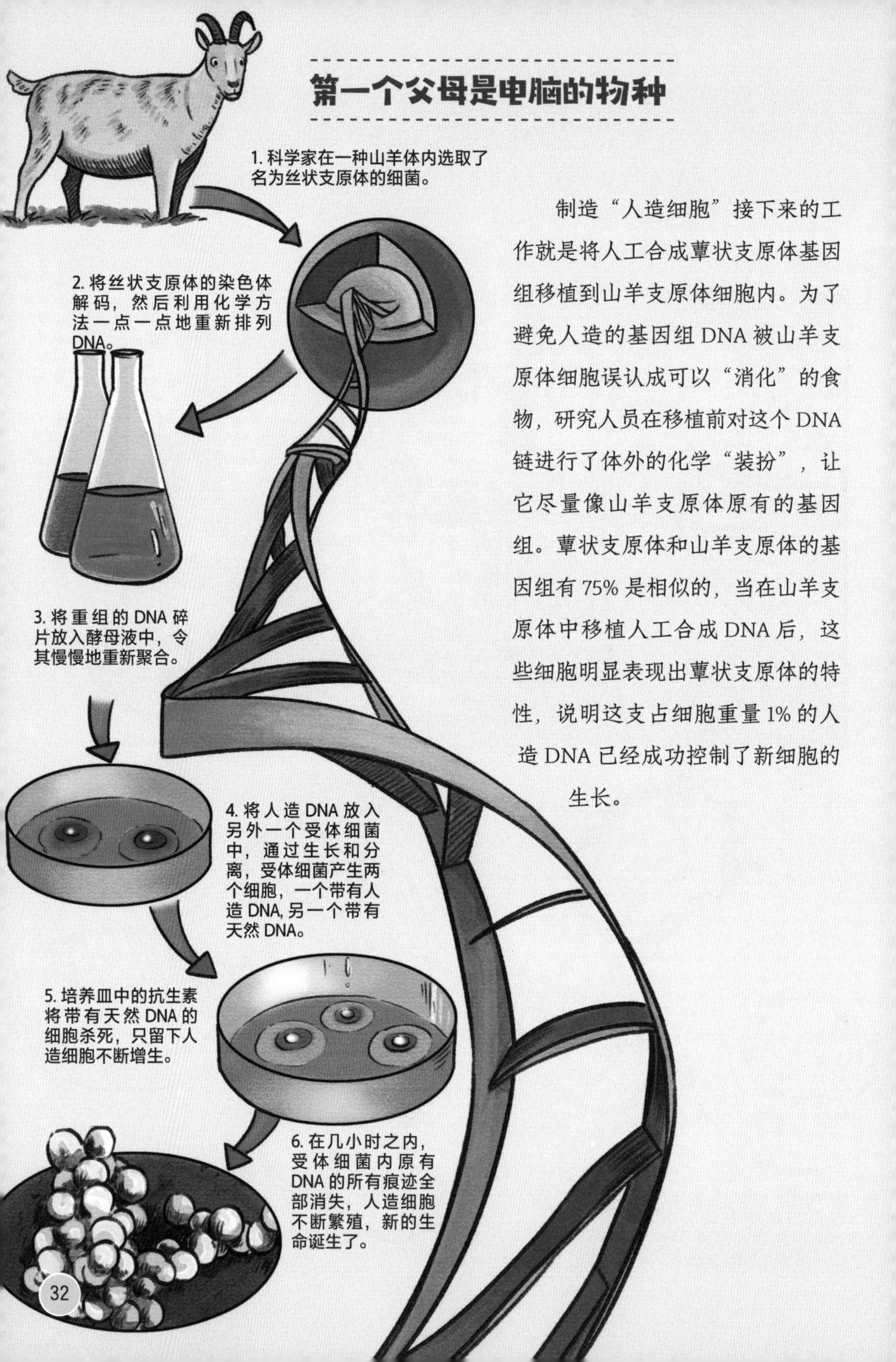

制造“人造细胞”接下来的工作就是将人工合成蕈状支原体基因组移植到山羊支原体细胞内。为了避免人造的基因组 DNA 被山羊支原体细胞误认成可以“消化”的食物，研究人员在移植前对这个 DNA 链进行了体外的化学“装扮”，让它尽量像山羊支原体原有的基因组。蕈状支原体和山羊支原体的基因组有 75% 是相似的，当在山羊支原体中移植人工合成 DNA 后，这些细胞明显表现出蕈状支原体的特性，说明这支占细胞重量 1% 的人造 DNA 已经成功控制了新细胞的生长。

从技术上讲，文特尔团队的“人造细胞”只是将支原体的基因组 DNA 进行了人工合成，而构成新细胞的其他成分都是来自已有的生命形式，移植 DNA 的技术也是早就实现了的。但这项历时 15 年、耗资数千万美元的研究成果，还是引起了包括生物学家在内的自然科学界以及伦理、哲学等人文领域研究人员的广泛关注与

文特尔描述“辛西娅”为：“地球上第一个父母是电脑，却可以进行自我复制的物种。”

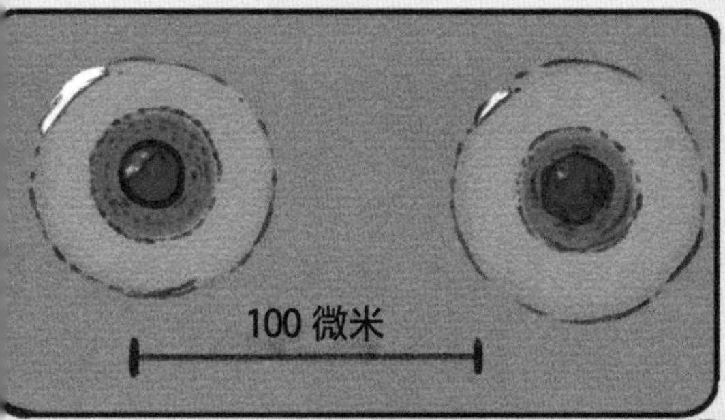

文特尔的“设计-制造-测试”循环

人体细胞时刻遭受着自由基的攻击，自由基造成的基因损伤不断积累，使细胞、组织、器官随着时间推移出现磨损失常最终导致衰老和死亡。

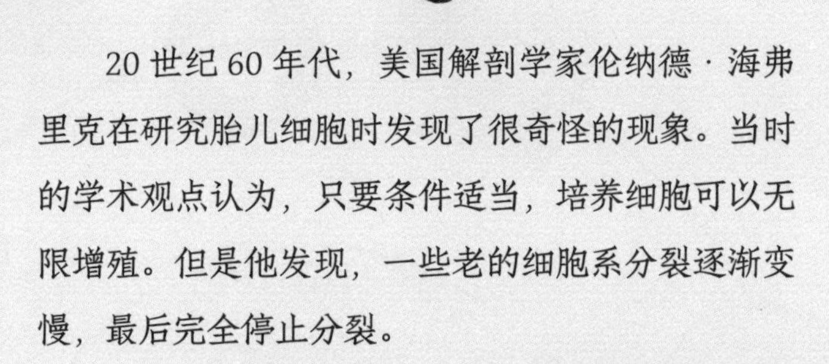

20 世纪 60 年代，美国解剖学家伦纳德 · 海弗里克在研究胎儿细胞时发现了很奇怪的现象。当时的学术观点认为，只要条件适当，培养细胞可以无限增殖。但是他发现，一些老的细胞系分裂逐渐变慢，最后完全停止分裂。

1961 年，海弗里克和他的同事穆尔黑德联合发表论文《人类二倍体细胞株连续培养》。文章中提出正常胚胎细胞最多增殖 50 次。这篇文章开启了一个新的研究方向——细胞老化。

我们知道，正常细胞分裂的周期大约是 2.4 年，照此计算，人的寿命应为 120 岁左右。有趣的是，古希腊哲学家早就推测人的极限寿命应当为 100 ~ 140 岁。而中国两千多年前的史书《尚书》中也提到：“一曰寿，百二十岁也。”如果 120 岁是极限寿命的话，大多数人是不可能活到这个岁数的。如果 120 岁是极限寿命的话，那么也就是说，大多数人是不可能活到这个岁数的。对于大多数人来说，我们应该采用另外一个术语：预期寿命或者叫平均寿命，这是生物群体中衡量单一生命存活平均长度的统计量。

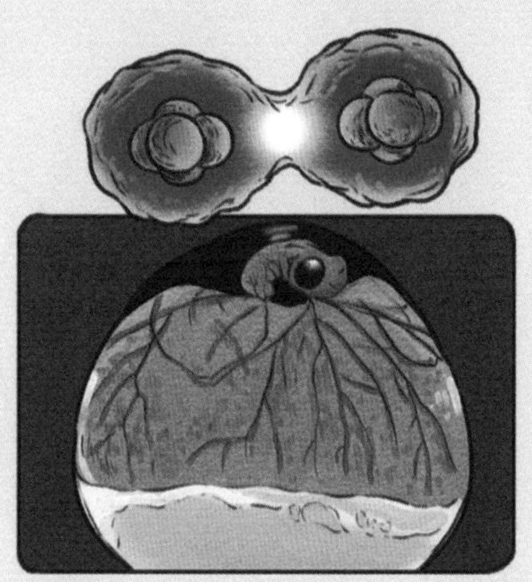

1852 年，德国的胚胎学家罗伯特 · 雷马克在显微镜下观察鸡的胚胎时，发现了细胞通过分裂产生新的细胞。实际上，所有细胞都来自细胞，细胞主要通过分裂的方式进行复制。

细胞分裂前，母细胞细胞核内的染色体先完成复制，并伴随着细胞核核膜的解体。染色体复制过程主要就是 DNA 链的复制。DNA 复制时，原本呈双螺旋结构的两条链打开，打开后的每一条单链各自配对出另一条新链，并与之形成新的双链螺旋结构。复制的结果是一条双链变成两条一样的双链，每条双链都与原来的双链一样（如果没有发生突变的话）。

接着，细胞内与分裂相关的物质（如蛋白质）开始复制；复制后两套一模一样的染色体移动至细胞的两极；随后核膜重新形成，将染色体包裹在里面，各自形成细胞核；然后细胞从中央断裂形成两个新的细胞。

到此，新的细胞便诞生了，生命又向前迈进了一步。而从遗传的角度看，这个过程里面的关键点就是看复制后的染色体是不是跟原来的一样。

DNA 末端的结

2009 年，诺贝尔生理学或医学奖授予美国加利福尼亚大学旧金山分校的伊丽莎白 · 布莱克本、美国约翰 · 霍普金斯医学院的卡罗尔 · 格雷德和美国哈佛大学医学院的杰克 · 绍斯塔克。诺贝尔生理学或医学奖评审机构瑞典卡罗林斯卡医学院称，这三人“解决了生物学上的一个重大问题”，即在细胞分裂时染色体如何进行完整复制，如何免于退化，而这其中的奥秘之一就蕴藏在端粒上。

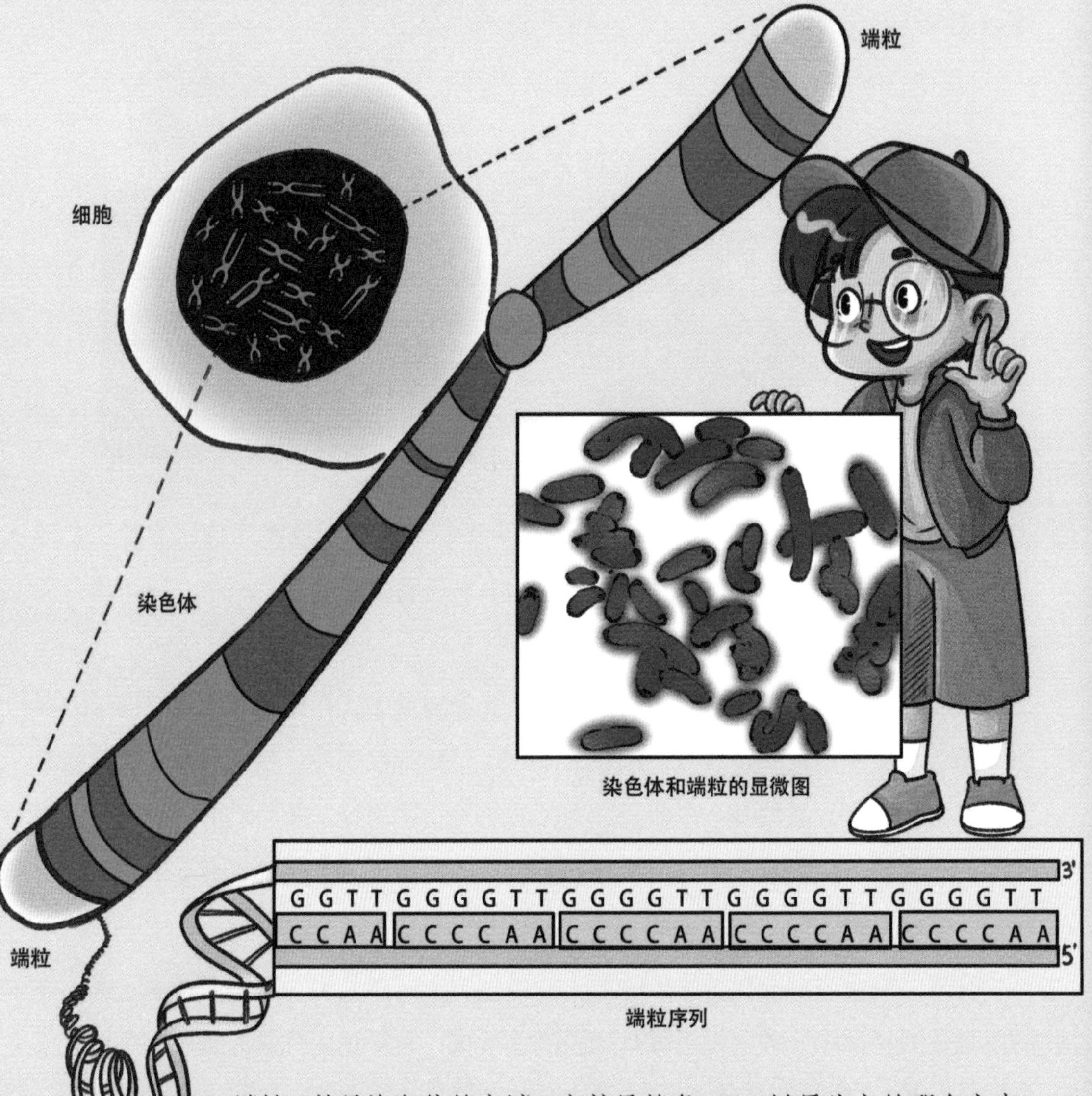

染色体和端粒的显微图

端粒序列

端粒，就是染色体的末端，也就是整条 DNA 链最头上的那个小点，它看起来就像一个为了不让 DNA 链散开、在链的末端打上的结。事实上它也包含了一段 DNA 序列，因为它在染色体末端，所以被命名为“端粒”。

其实，端粒早在20世纪30年代就被发现了。当时的生物学家观察到，如果染色体失去末端的这个点，它的结构就不稳定，进而能威胁到DNA的正确复制和细胞生存。至于为什么端粒会有这种效果，科学家却不得而知。

2002年前后，伊丽莎白·布莱克本博士把四膜虫（一种单细胞动物）的端粒上的DNA序列全部破译了出来，但她发现这里并不记录任何遗传信息。当布莱克本博士一筹莫展时，杰克·绍斯塔克博士的一个实验给她带来了启发。当时，绍斯塔克正在构建酿酒酵母人工染色体，但总是不能取得成功，他所构建的DNA在转入酵母细胞后即刻被降解掉。

当绍斯塔克向布莱克本博士抱怨时，布莱克本博士不经意地说："如果把我新发现的端粒序列放到你实验的DNA两端呢？"结果DNA真的保住了。可见，端粒的序列可以保护整条DNA链。

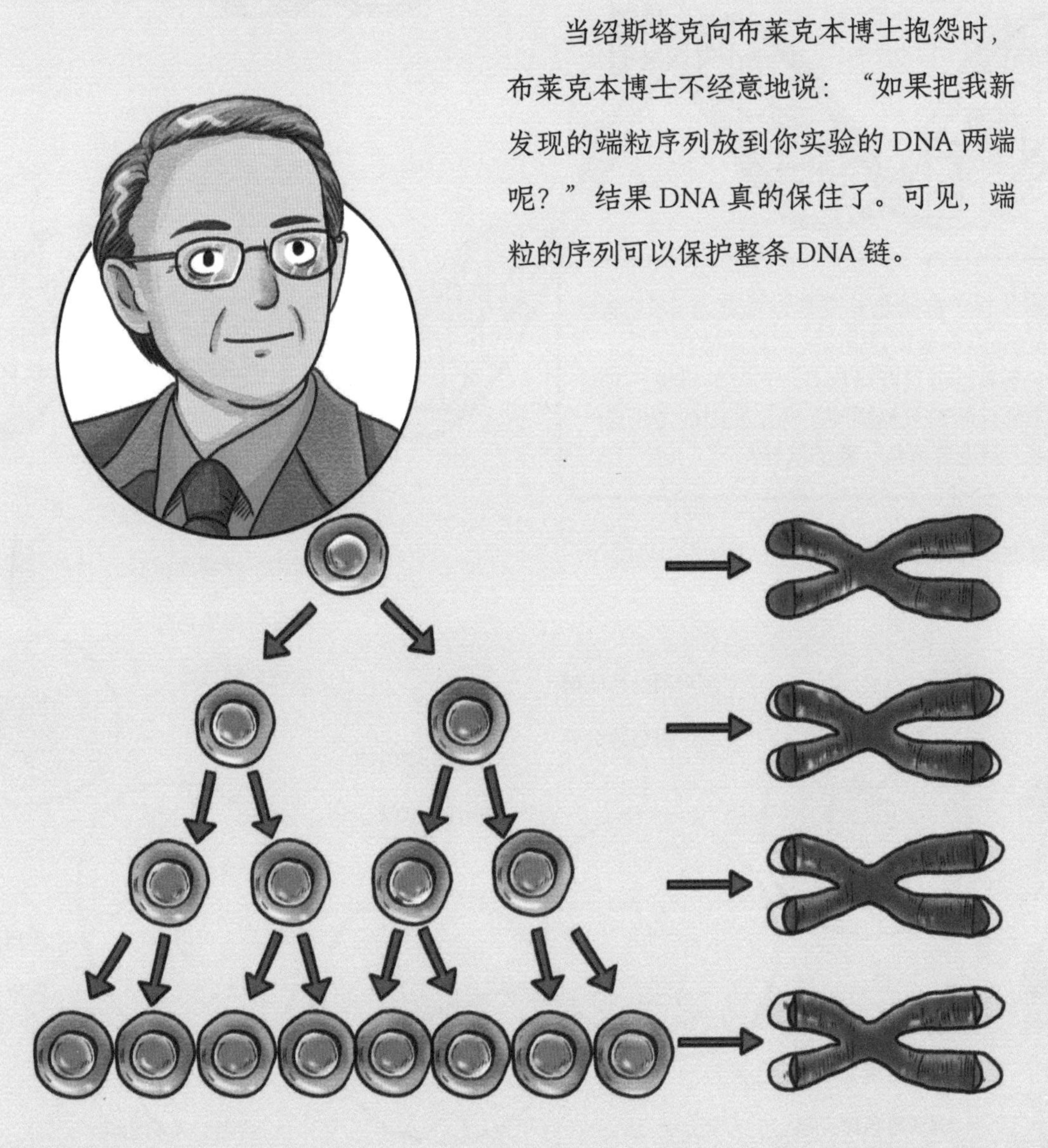

捍卫端粒

端粒有一个“致命”的特性。科学家阿列克谢·奥洛夫尼科夫发现，当细胞分裂时，端粒并没有完全被复制。每次分裂都会让这个不带遗传基因的端粒掉一截。这样每分裂一次，端粒就短一点。最后他得出一个大胆的猜想：人的年龄越大，端粒就越短，端粒完全脱落后，人也就死亡了。奥洛夫尼科夫教授的猜想最后得到了证实。目前，科学家已经可以通过端粒的长短来推断人的年龄。

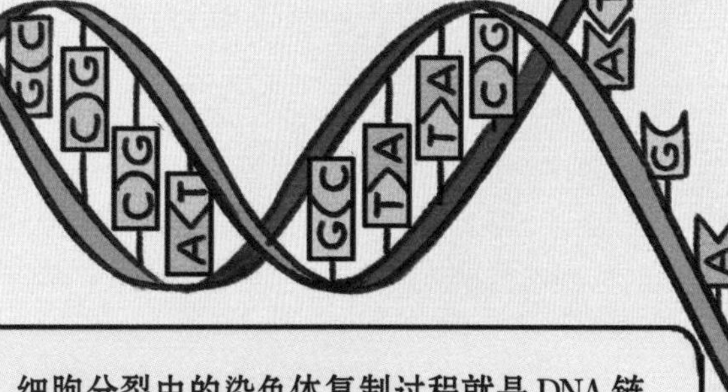

细胞分裂中的染色体复制过程就是DNA链的复制。原本呈双螺旋结构的两条链打开后，每一条单链各自配对出另一条新的单链，并与之形成新的双链螺旋结构。复制的结果是一条双链变成两条一样的双链。

细胞分裂的过程

核仁

末期：核膜重新形成并包裹染色体，细胞分裂成两个

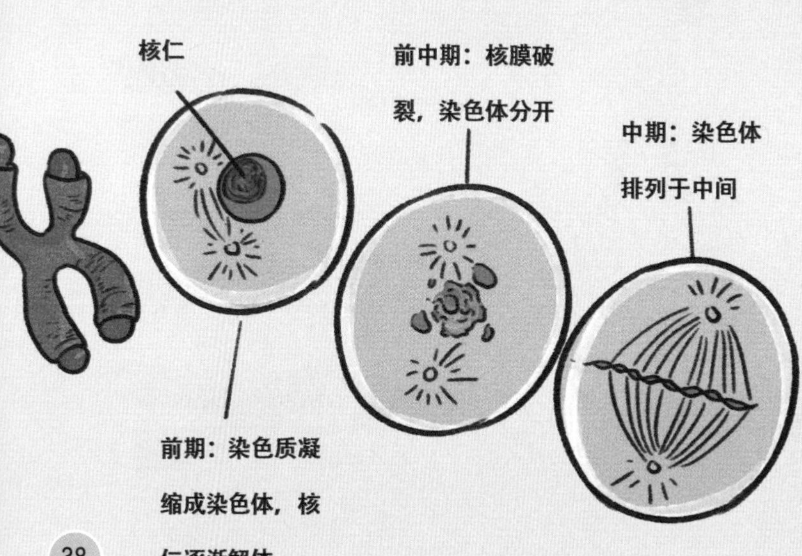

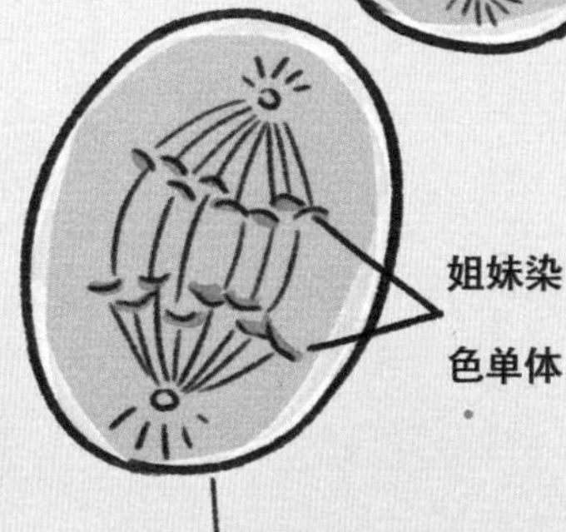

那么，如果找到让端粒不变短的物质，人类不就可以长生不老了吗？卡罗尔·格雷德博士发现了能够修复端粒的蛋白——端粒酶。端粒酶就像一个 DNA 末端的小作坊，按照自带的模板不断复制和延长端粒，就像灵丹妙药一样。但是，在一般的细胞中几乎检测不到有活性的端粒酶，只有在干细胞和生殖细胞等必须不断分裂的细胞中，才可以检测到有活性的端粒酶。

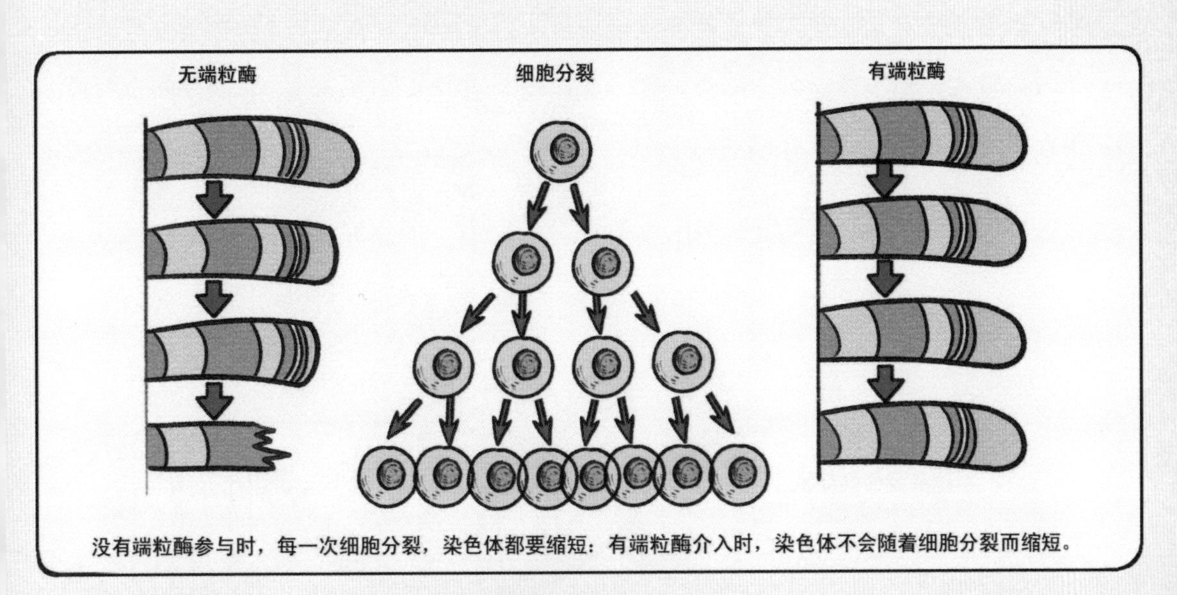

没有端粒酶参与时，每一次细胞分裂，染色体都要缩短；有端粒酶介入时，染色体不会随着细胞分裂而缩短。

你是不是觉得返老还童和长生不老已经离我们很近了？现在我们回到波士顿的实验室，来看一场返老还童的大戏吧！这场返老还童大戏的“导演”是哈佛大学医学院癌症遗传学家罗纳德·德皮尼奥，而“主角”就是动物界知名的实验明星——老鼠。

端粒酶是把双刃剑

海马体在大脑中所处的区域承担着记忆以及空间定位的作用，也是阿尔茨海默病人最先开始病变的部位。研究人员通过实验想要了解，在阿尔茨海默病的发病初期，海马体的细胞究竟发生了什么变化。研究人员给早衰的老鼠注射药物，通过药物刺激让其体内的端粒酶恢复。注射药物几个月后，德皮尼奥博士再次观察实验鼠，发现它体内的端粒酶几乎完全恢复，老鼠就像重生一样，肝脏和脾脏的大小增加，大脑也长出新的神经元，差不多完全“返老还童”了。这些实验鼠最终活到了普通鼠的平均寿命，但并不长寿。

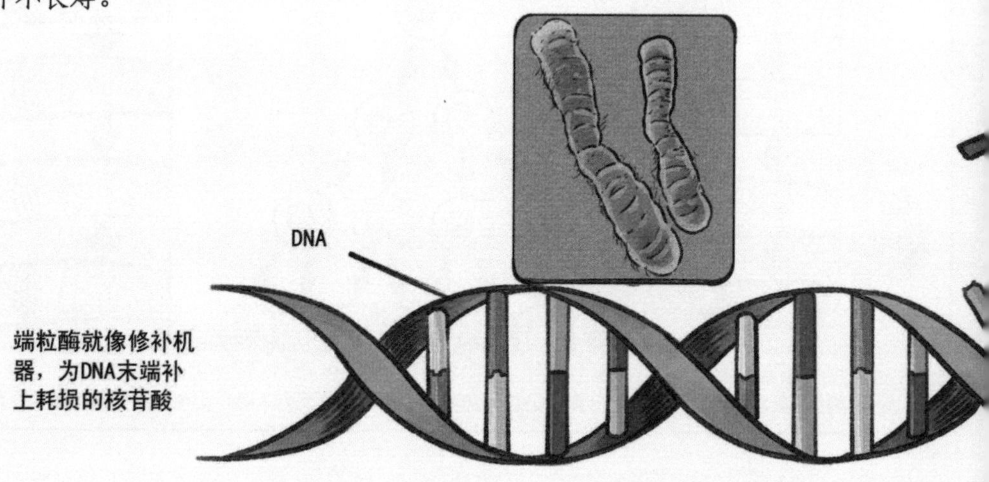

“实验鼠对于人类而言，就像一个 40 岁的人未老先衰，而这项实验逆转了衰老过程，把它变回了 30 岁。”德皮尼奥博士说，“成功逆转老鼠年龄的过程，意味着一些老化的器官有可能重生。也许在不久的将来能够用在人类身上。”

德国乌尔姆大学研究细胞衰老的雷哈德 · 鲁道夫教授表示，这个实验结果对患有早衰症的病人有很大帮助，因为患有慢性疾病的老鼠已经被成功救治了。并且这项实验更加证明了端粒的作用。

西班牙国家癌症研究中心的研究员玛丽亚·布拉斯科指出，不能将抗衰老的希望寄托在德皮尼奥博士的实验上。“德皮尼奥博士的研究利用的是转基因老鼠，他能够延缓一只普通老鼠的衰老吗？”德皮尼奥博士对此表示赞同。他还警告说，他的方法存在潜在的缺点：如果恢复的端粒酶活性超出了自然水平，可能会导致癌症。而且，我们还不能控制释放出的端粒酶的数量。

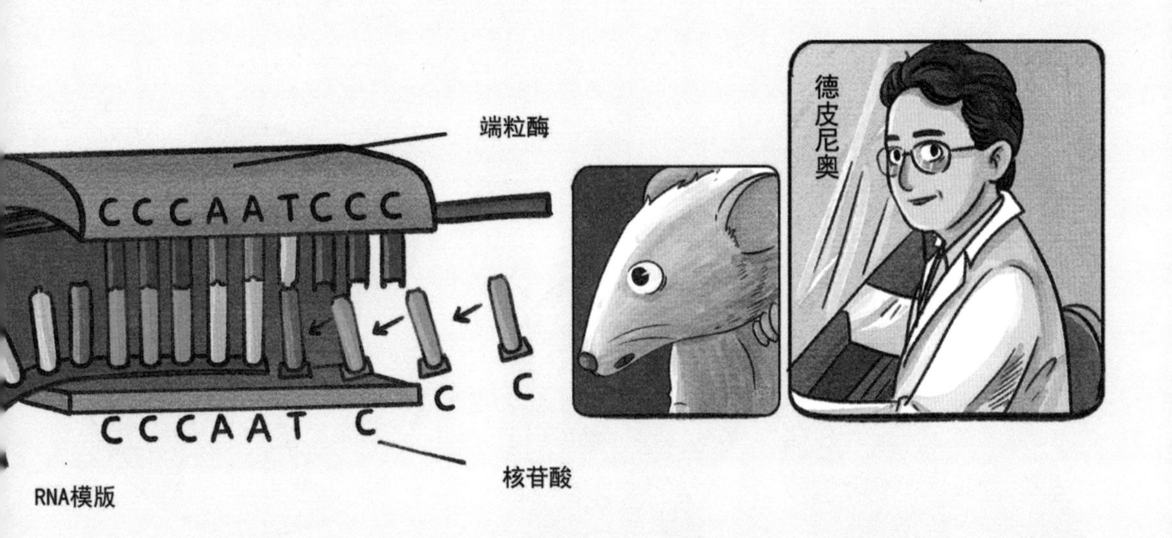

另外一些科学家认为，单纯的端粒长度并不是影响寿命的决定性因素，当人类超过 60 岁时，综合端粒长度、性别和年龄等因素，只影响剩余寿命的 37%。那么另外的 63% 是由哪些因素决定的呢？

有专家认为，影响另外 63% 的一种因素是氧化。损坏的 DNA、蛋白质和脂肪都会产生氧化剂。这是含有高活性物质的氧化剂，当我们呼吸、吸烟、饮酒或者是有炎症时，它都可以产生。另一种是糖化。我们知道，葡萄糖可以为人体补充能量，是人体的必需品，但摄取过量会导致人体组织故障，导致患病或者死亡。所以，我们还是在保持心情愉悦的同时，注意饮食健康，加强锻炼，稳定端粒长度，延缓器官衰老。

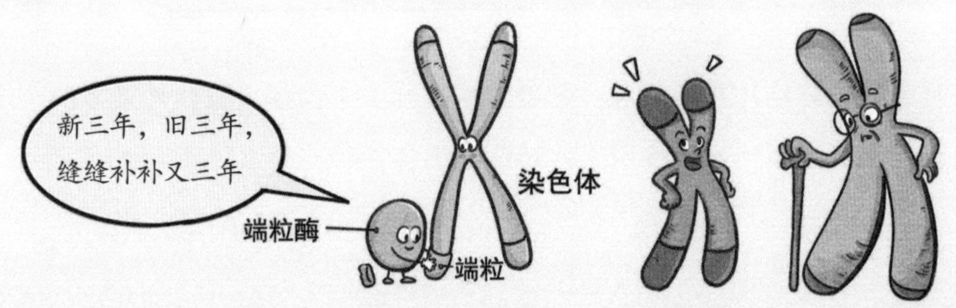

制造灵巧的四肢

用义肢辅助生活

几百万年的进化史，成就了人类发达的四肢。一双手、一双脚，这是人类的典型特征，灵巧的四肢帮助人类完成每天的活动。但是有一部分人会因为先天性疾病或受重伤导致截肢需要义肢来辅助生活。

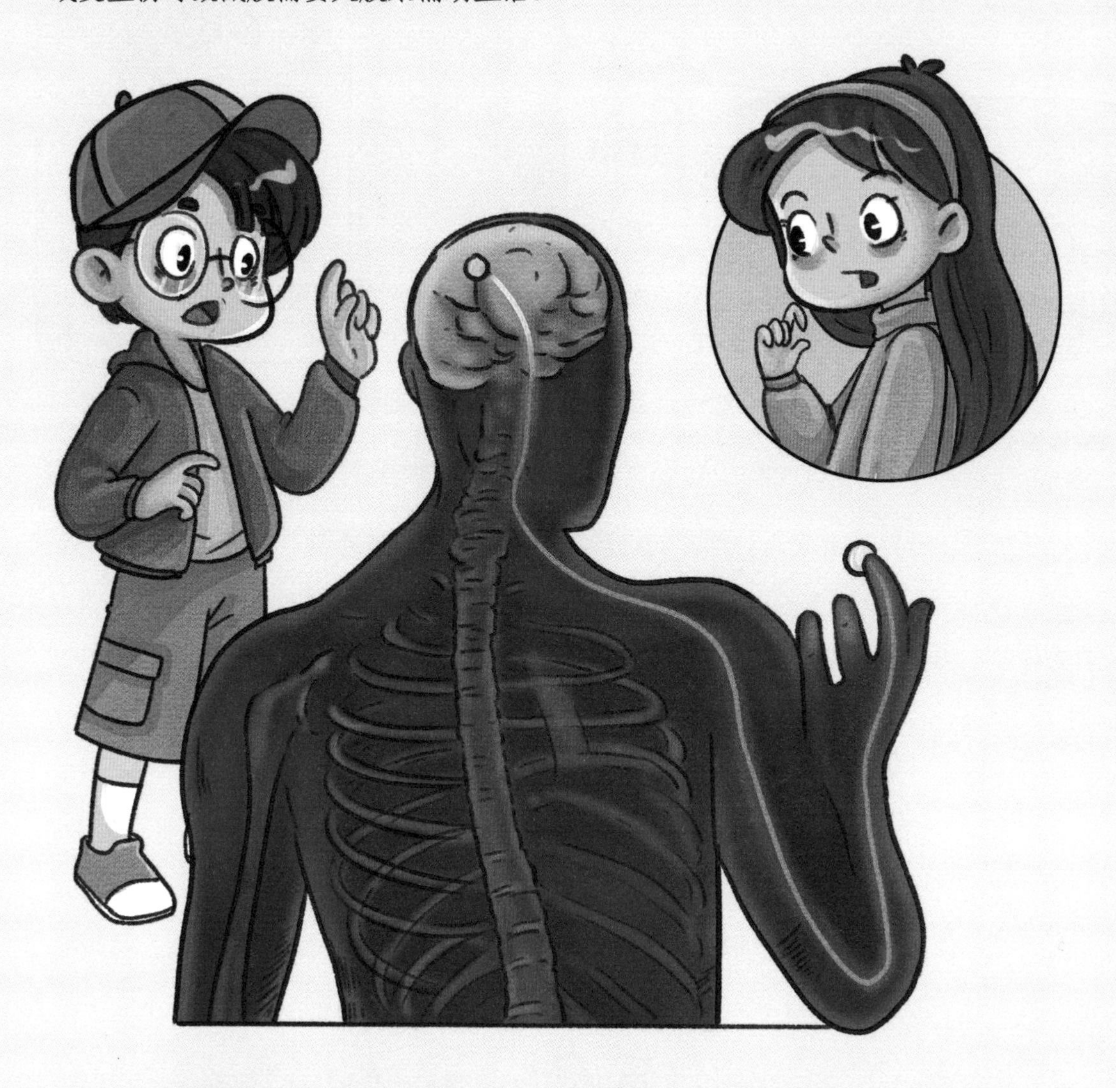

让义肢做精确的动作并不困难，困难的是靠什么来指挥义肢。如果靠一个念头就能让义肢像原生的肢体一样按照人的想法做出各种动作就太好了。

人的肌肉和皮肤之所以能够收缩、运动和产生触觉，是因为神经的作用。神经连接着大脑和肌肉，它从大脑伸向脊髓，然后从主干伸向更加细小的末梢，从而到达人的肌肉和皮肤。在这个过程中，神经利用电脉冲来传递大脑和肌肉之间的信号，电脉冲能够使肌肉收缩，并且活动起来。

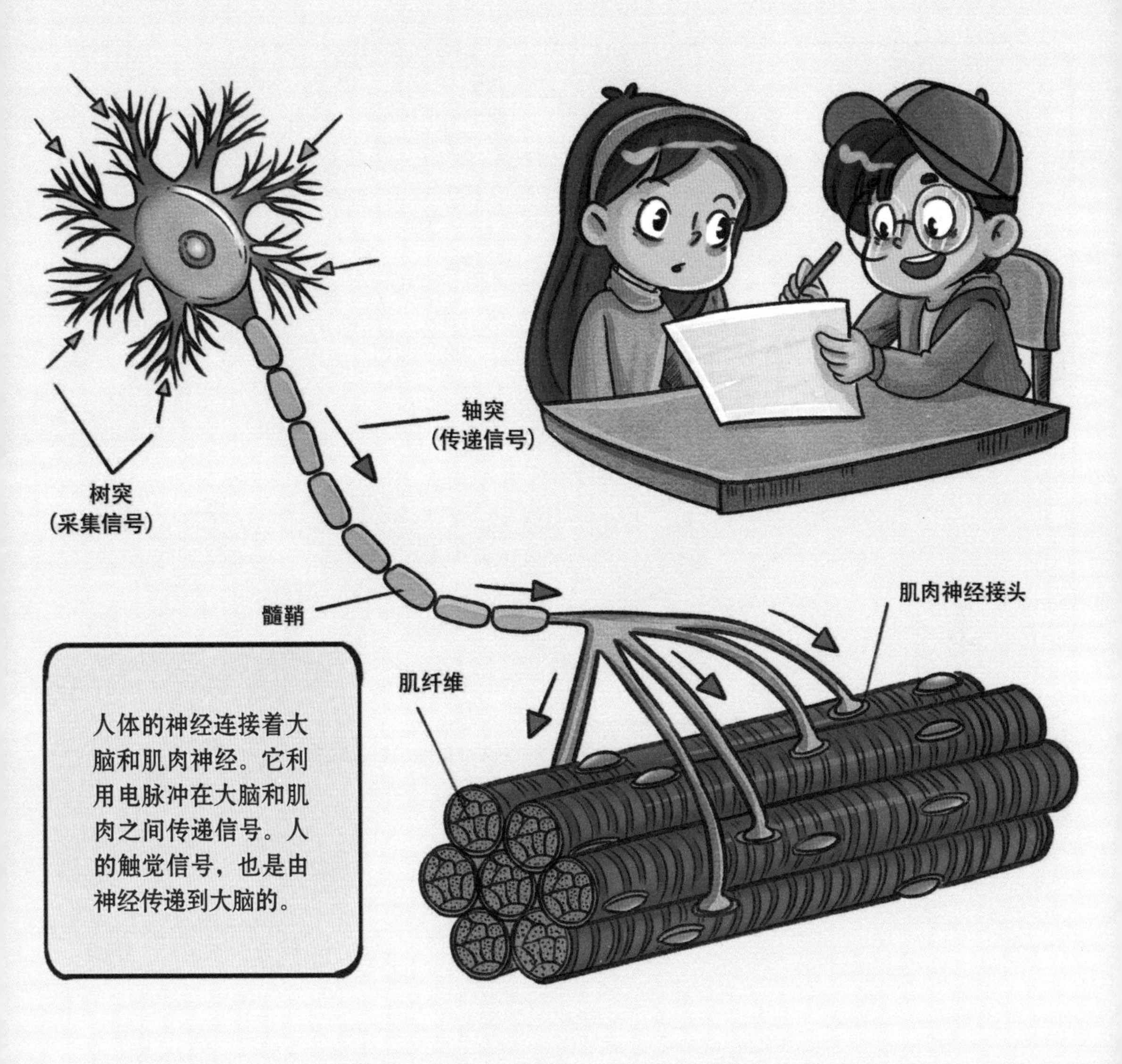

幸运的是，即使是在截肢手术后，患者体内依然存在这些神经的根部，而且神经发出的电脉冲在皮肤表面就能被探测到。

让胸肌成为手掌

美国芝加哥康复研究所下属仿生医学中心的负责人托德·奎肯博士将现有的各种零件组合起来，为失去双臂的患者沙利文量身打造了一只仿生义肢。奎肯博士将义肢绑在沙利文身上，用导线将粘贴在沙利文胸口的电极和义肢连接起来。当沙利文想要展开那只他失去的手臂时，他的义肢就展开了。这是怎么回事呢？

芝加哥康复研究所下属的仿生医学中心负责人托德·奎肯博士和他设计的仿生义肢

原来，那些被移到胸部肌肉里的手臂神经发出的电脉冲，通过沙利文胸部肌肉的收缩给放大了，粘在胸口的电极发现了这些信号，然后电极通过导线将信号传给了仿生义肢。在一定程序的帮助下，义肢就能对信号做出各种反应。

此外，奎肯博士和他的研究小组还有意外收获。他们发现，那些受手臂神经控制的胸部皮肤竟然有了触觉。起初，他们的想法只是用运动指令来指挥仿生义肢，但几个月后，触碰沙利文的胸部时，他能感觉到失去的手的触觉渐渐在胸部恢复。

奎肯博士认为，也许是因为医生取下了不少脂肪，皮肤直接接触到肌肉，所以神经生长起来了。

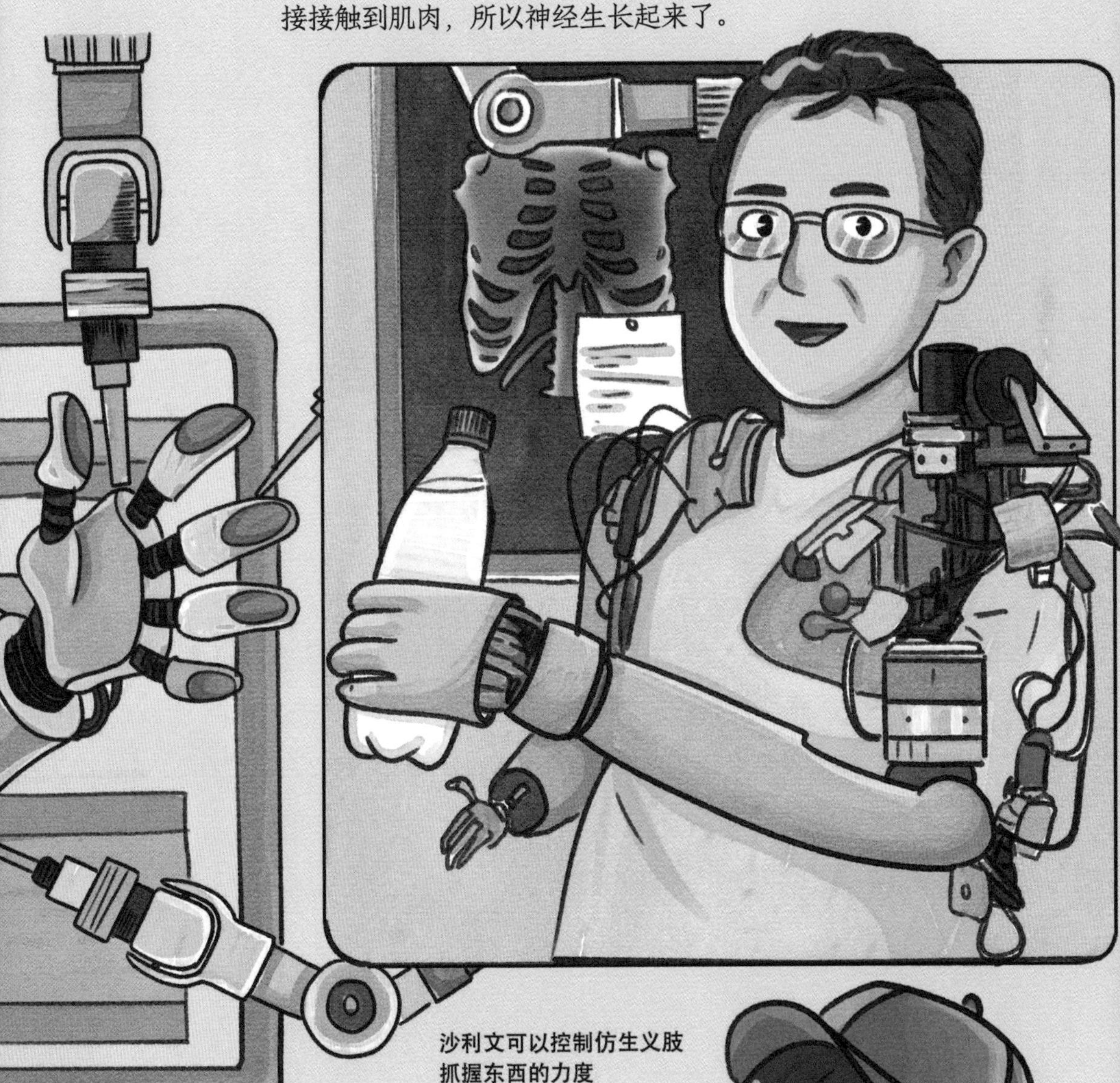

沙利文可以控制仿生义肢抓握东西的力度

现在，沙利文可以感受从轻抚到大概 0.01 牛顿的触碰感，也能感受到热、冷、尖锐、钝。有时手和胸能同时感受到这种感觉。所以，当你触摸沙利文的胸部皮肤时，他会感觉你在触摸他失去的手臂。这真是一件神奇的事情！

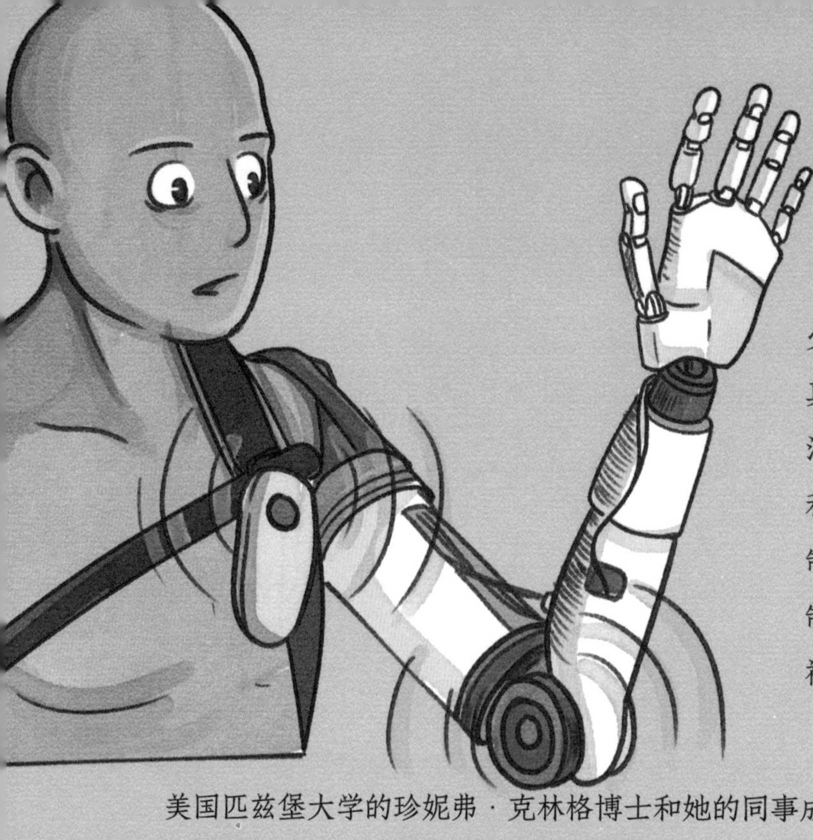

脑肢通道

既然想让义肢代替缺少的肢体，就应该让它像真正长在人的身上一样灵活、听话。我们知道，手和腿都是由大脑和神经控制的，那能否将义肢的控制中心直接连接到大脑和神经呢？

美国匹兹堡大学的珍妮弗·克林格博士和她的同事成功地让一名 53 岁的高位瘫痪患者简·休门利用大脑信号来操控仿生义肢。志愿者简·休门因患脊髓小脑变性的遗传性疾病，自 1996 年以来她四肢瘫痪，无法自行控制脖子以下的任何肌肉。克林格博士先将两个 4 毫米 ×4 毫米大小的网络状微电极植入休门的大脑皮层中，每块电极拥有 96 个微型触点，用来获取她大脑中操控手臂和手掌部分的信号。然后研究人员通过计算机将这些信号翻译成可供机械读取的指令，再由机械手臂完成。

最后，休门用“意念”完成了叠放塑料杯和吃巧克力的复杂动作。

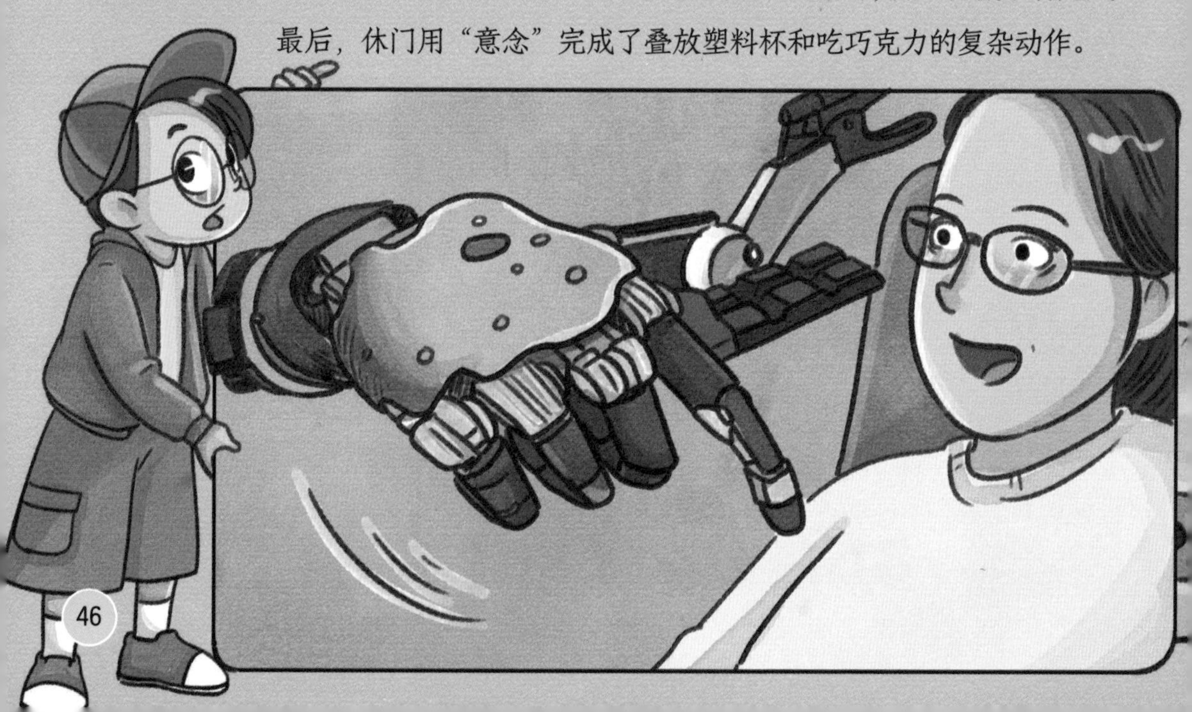

2014 年 5 月，美国食品药品监督管理局正式批准了一种名为 DEKA 的手臂系统。这也是利用“意念”控制的，不过不是从大脑获得信号，而是利用肌电图电极传输信号来控制动作。

肌电图记录肌肉静止或收缩时的电活动，以及电刺激下神经、肌肉兴奋和传导的功能。DEKA 中的肌电图电极接收患者残肢处的肌肉收缩的电活动信号，之后这些信号传输到义肢的计算机中，并被转化为多达 10 种的肢体活动，这种义肢还带有运动传感器和压力传感器等设备。可以说，这种义肢的功能逐渐与人手相仿。

终于有了触觉

上述义肢的神经通信都是单向的，也就是说，义肢佩戴者只能控制义肢动作，而不能像真正的肢体那样感受到所接触物体的冷热、粗糙、柔软等。

2015 年，美国国防部高级研究计划局与迈阿密大学的科学家研发出既可以帮助患者恢复行动能力又能产生触觉的义肢。贾斯汀 · 桑切斯博士是该项目的领导者。

28 岁的瘫痪男士纳森在脊髓受伤后瘫痪。美国科学家贾斯汀 · 桑切斯博士向纳森大脑皮层植入了微小的电极阵列，并将传感器连接到他的大脑的感觉皮层（大脑负责识别触觉的部分），同时将大脑运动皮层（大脑指示身体运动的部分）的电极连接到义肢的控制中心。

在触碰到物体时，义肢的力敏感器会反馈给大脑，这种反馈会被转换为电子信号并被传送至纳森的大脑感觉皮层。电极还可以感知大脑运动皮层发出的信号，因此纳森不仅可以控制义肢的活动，还可以感觉到手臂触碰的物体。义肢帮助纳森在十年中第一次感受到别人触摸他的手。

纳森的实验表明，即使蒙住眼睛，他也可以感受到研究者触碰的是哪一根手指。在一次实验中，研究团队决定一次按住纳森的两根手指。纳森开玩笑地问道：“是不是有人在恶作剧？”桑切斯博士表示：“直到那时，我们才意识到，这种义肢近乎人类真实的肢体。”

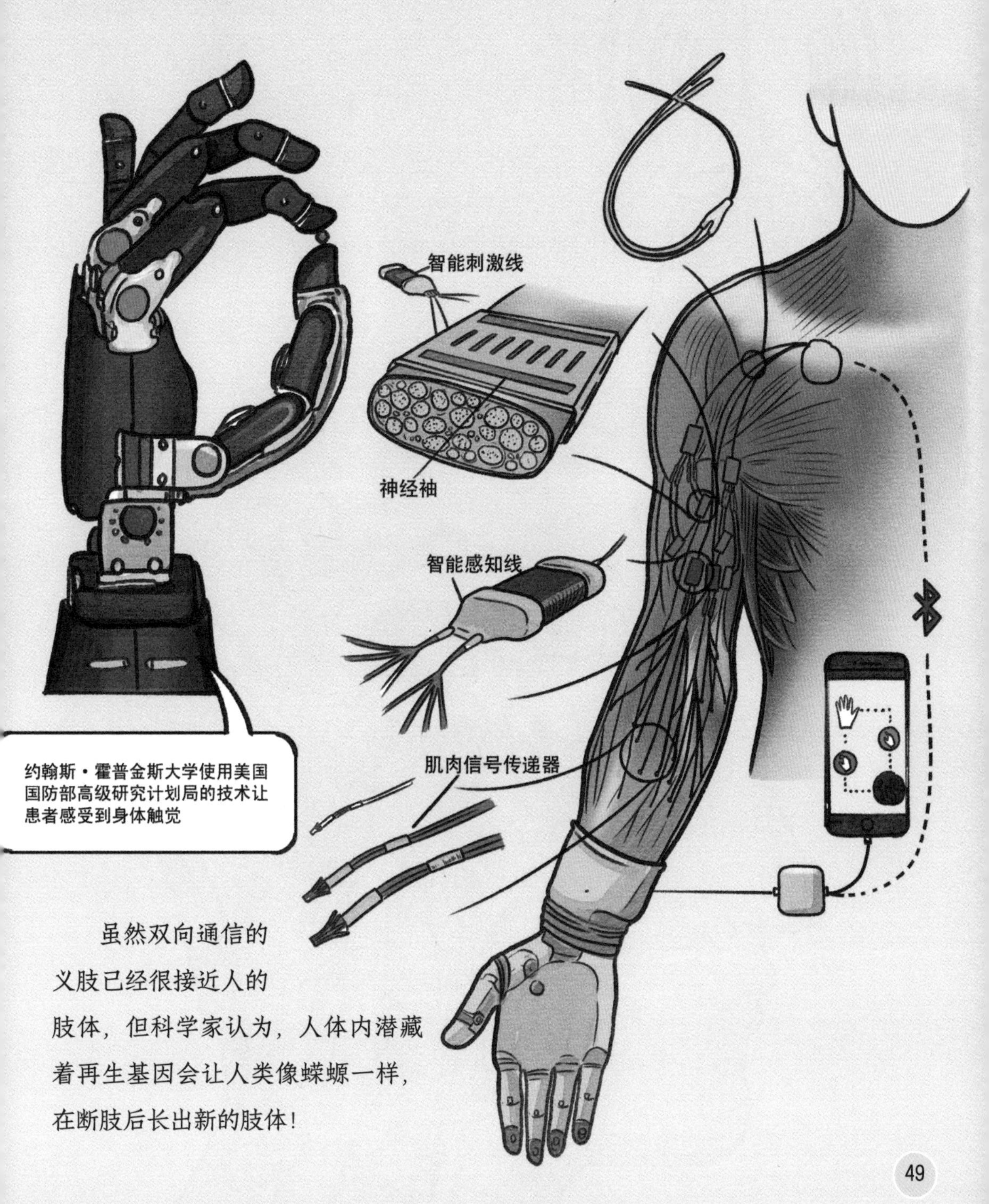

虽然双向通信的义肢已经很接近人的肢体，但科学家认为，人体内潜藏着再生基因会让人类像蝾螈一样，在断肢后长出新的肢体！

当物质触碰到思维

脑机接口

在人的大脑里，完成思维和意识活动的物质区域是大脑皮层。大脑皮层里有约 100 亿个神经元细胞，一个神经元有超过 1000 个突触，在这十几万亿个突触之间，进行着世界上最复杂的电信号交换。采集到这些电信号，将其输入计算机里，这就是最让人类震撼的“脑机连接”。完成“脑机连接”后，意念就可以控制计算机，人的聪明才智和计算机的超强能力就能够合二为一了。

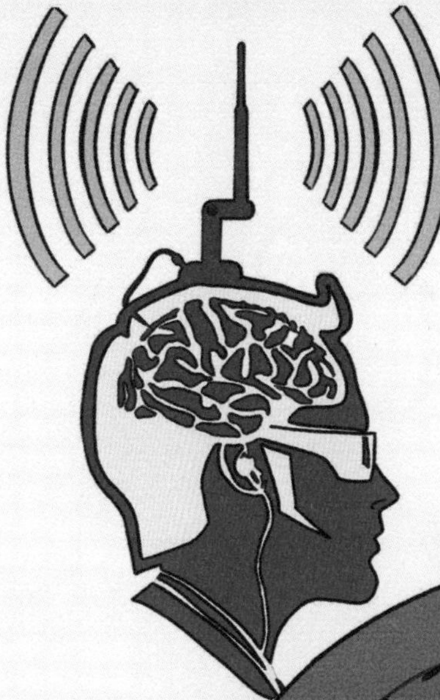

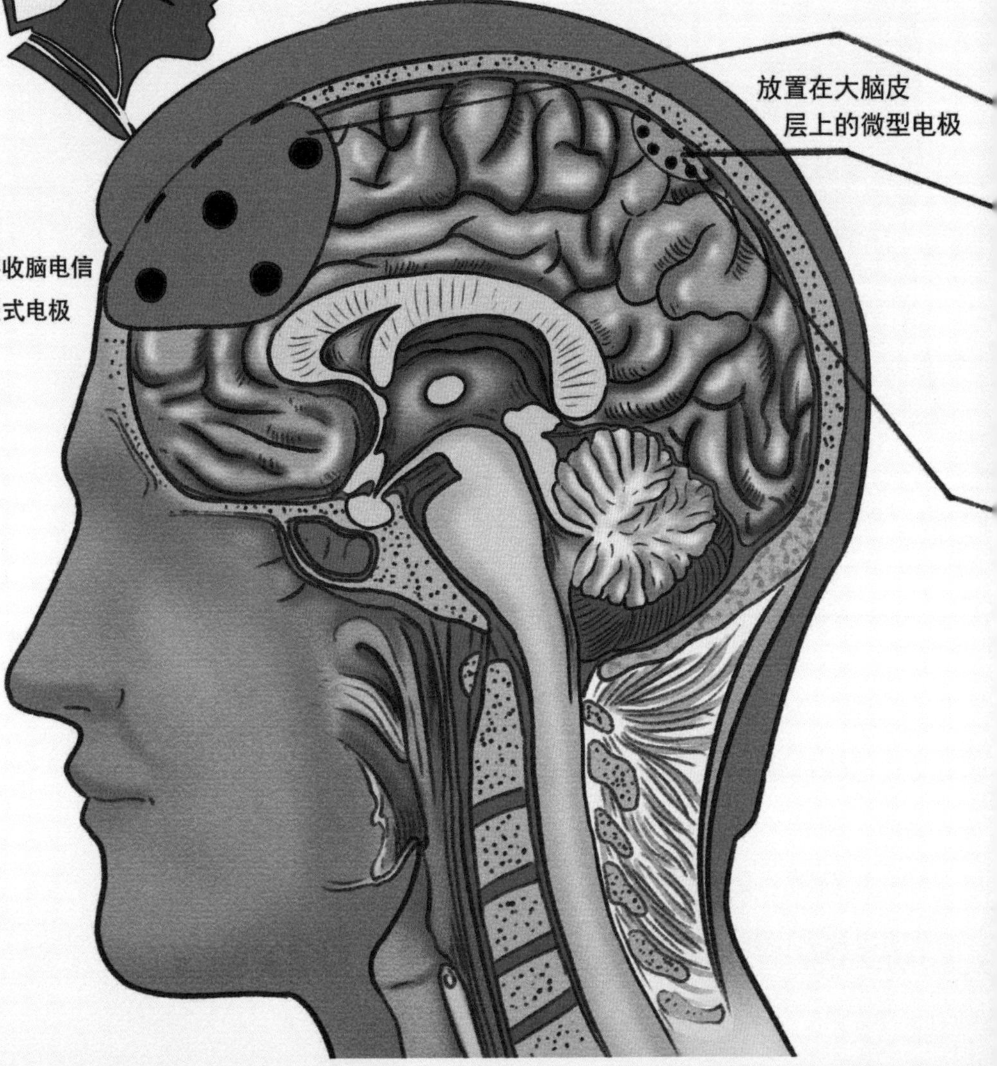

放置在大脑皮层上的微型电极

在脑外接收脑电信号的头盔式电极

关于“脑机接口”的未来，科学家们预测如下。

2020 年 ~ 2025 年 由于纳米技术的发展，科学家能够研发出更小、更精密的植入芯片。

2025 年 ~ 2030 年 可以将人脑移植到机器人上。

2045 年 对人脑和思维完全揭秘，理解人脑是怎么工作的。

2060 年 人的梦境可以在计算机屏幕上显示出来，就如同播放电影一样。你的梦境计算机能读懂。

2070 年 人类可以非常容易地通过思维与外接设备进行直接的无线通信和控制，实现“冥想”。

2080 年 人脑和计算机连起来，协同配合解决几个并行的问题。

2090 年 将人去世后大脑的思考能力和思维模式转移到计算机，计算机可以延续相同的思维模式，从而在某种意义上实现人脑的“永生”。这是 1990 年科幻电影《宇宙威龙》的故事。巧合的是，故事发生的背景设置在 2084 年。

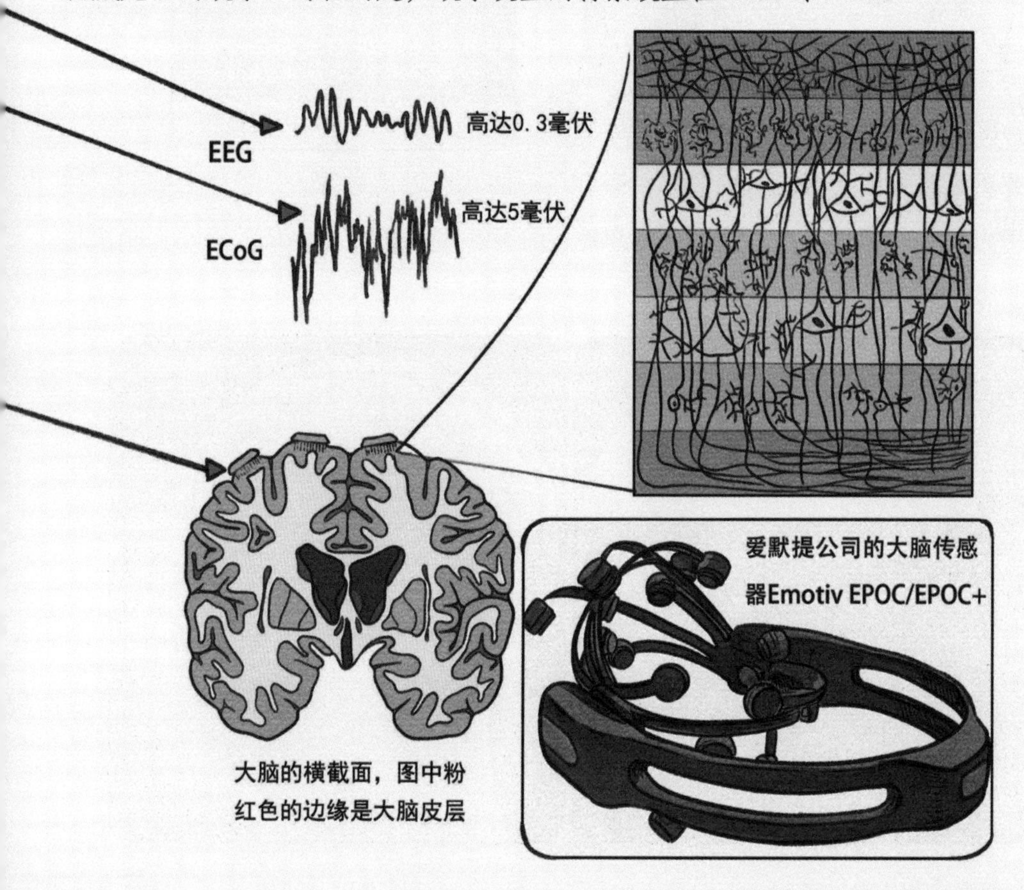

大脑的横截面，图中粉红色的边缘是大脑皮层

侵入脑颅

戴上特殊的“读脑”头盔后，就可以在脑外接收脑电波信号。但是，由于脑颅骨的电导率低，脑电波在穿过颅骨这一过程中，电势会迅速地衰减。一般的脑电图提供大约 5 毫秒的时间分辨率和 1 厘米的空间分辨率，幅度在 5 ~ 300 微伏之间，频率在 100 赫以下。在大脑外接收脑电波，就好比是在砖墙外听屋内人谈话，总是隐隐约约、模模糊糊的。

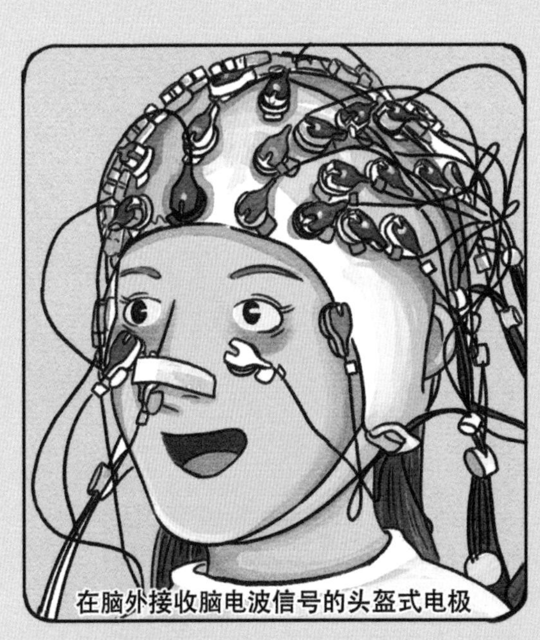
在脑外接收脑电波信号的头盔式电极

X光影响下的颅内内置电极

要更好地解读人脑产生的电波，需要尽可能地接近信息源——脑神经细胞。科学家提出了让人“脑洞大开”的大胆想法：打开头颅，把微型电极放置在大脑皮层和硬脑膜之间。

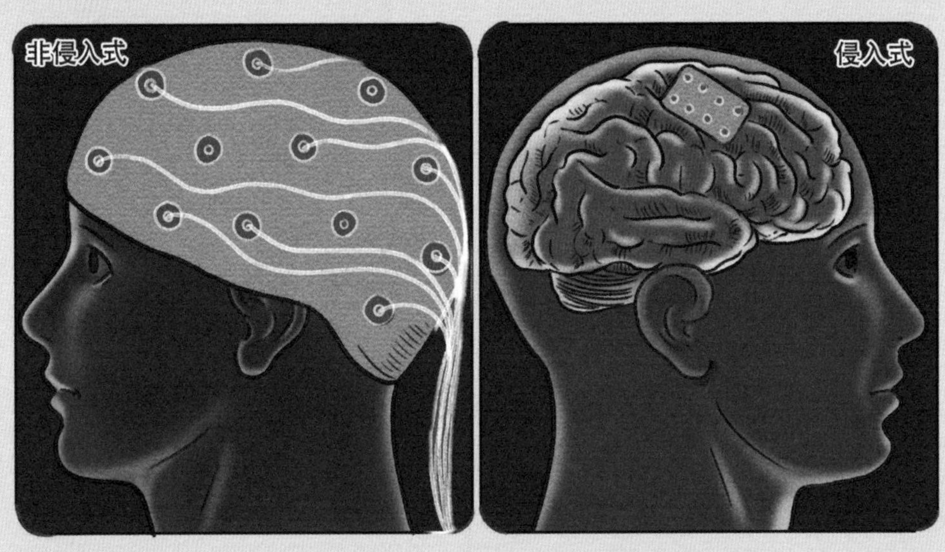

在大脑皮层上接收到的皮层脑电波信号，与脑电波相比，幅度和频率都大大增加：幅度在10微伏到5毫伏之间，频率在200赫以下。也就是说，幅度增强了10倍以上，频率范围拓宽了1倍。以前戴着头盔听不清、听不到的脑电波，现在因为“脑洞大开”而“豁然开朗”了。这种需要打开头颅把微型电极放进脑颅的“脑机接口”，叫作“侵入式脑机接口”。

当在紧张状态下，大脑产生的是β波

当感到睡意朦胧时，脑电波就变成θ波

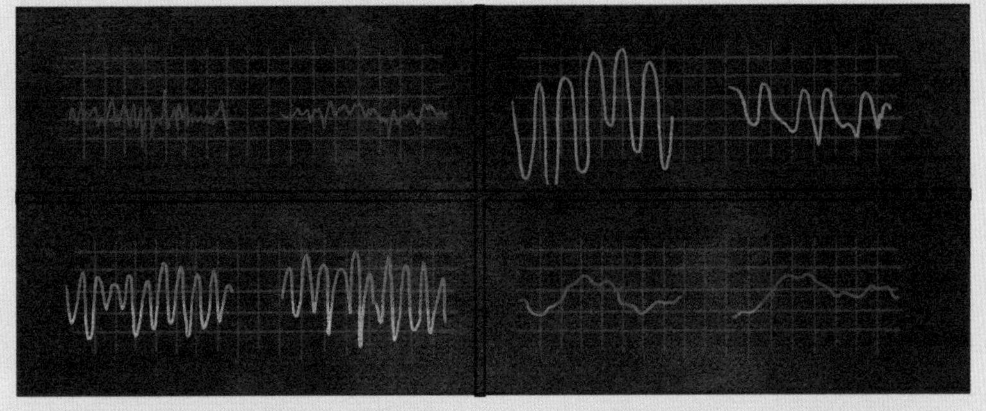

当身体放松、大脑活跃、灵感不断的时候，就产生了α脑电波

当进入深睡时，脑电波是δ波

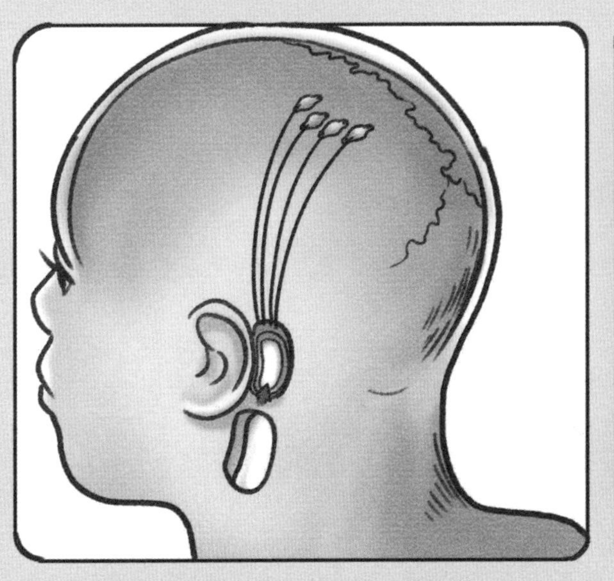

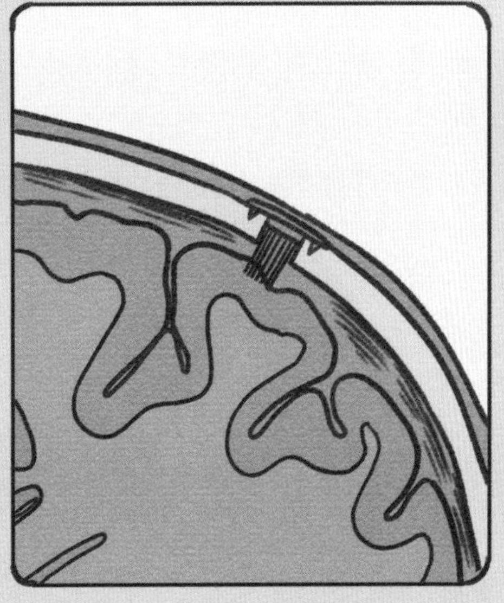

通过电线流出大脑的信息

最早开展脑内植入微型电极实验的，是名叫菲利普·肯尼迪的美国科学家。肯尼迪和同事利用锥形营养性电极植入术，在猴脑里建造了第一个皮层内“侵入式脑机接口”。

1998 年，他们为一名患脑中风的患者植入了微电极“脑机接口”。经过 6 个月的训练，患者能够用意念自由控制计鼠标。最开始，他可以让鼠标指向一些能表达自己意思的词句，比如“我冷了”。后来，这名患者做到了用计算机打出词句。

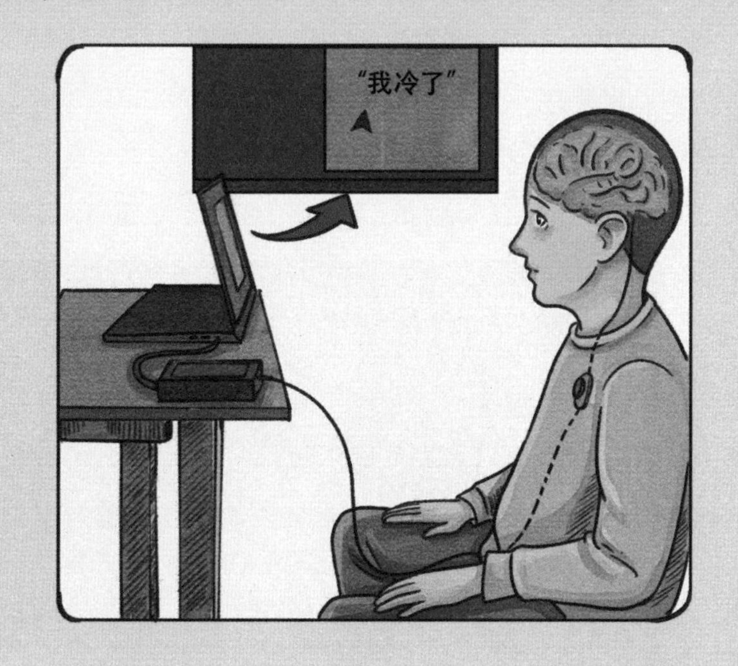

威廉·H·多倍利是视觉“脑机接口”方面的一名先驱。1978 年，多倍利在一名男性盲人的视皮层植入了 68 个微型电极阵列。植入后，通过采集视频的摄像机、信号处理装置和受驱动的皮层刺激电极，这名盲人可以在有限的视野内看到灰度调制的低分辨率、低刷新率的点阵图像。

2002 年，一名叫诺曼的盲人安置了多倍利的第二代皮层视觉“脑机接口”。第二代皮层视觉“脑机接口”覆盖的视野更广，能创建更稳定均一的视觉。接受植入后不久，诺曼就可以自己在研究中心附近慢速驾车漫游。

美国杜克大学的尼克里斯在 20 世纪 90 年代完成了在实验鼠身上“侵入式脑机接口”的初步研究。

2008 年，他们在一只猕猴脑部植入电极，让猕猴在跑步机上直立行走，并从植入脑部的电极获取神经信号，通过互联网将这些信号连同视频一起发给日本的实验室。最终这只美国猕猴成功地“用意念控制”日本实验室里的机器人做出了相同的动作。

有机体和无机体的接触点

冰冷的、由无机物组成的电脑，是如何触碰到人体最复杂的由有机物组成的组织——大脑皮层的呢？

2005 年，一家美国的商业公司获得了美国食品药品监督管理局的批准，对 9 名四肢瘫痪的患者进行了第一期的运动皮层“侵入式脑机接口”临床试验。为了让 9 名病人可以通过运动意图来控制机械臂和电脑光标，研究人员将微型电极阵列植入患者运动皮层对应的手臂和手部的区域。植入的微型阵列被称为“脑门”，包含 96 个电极。

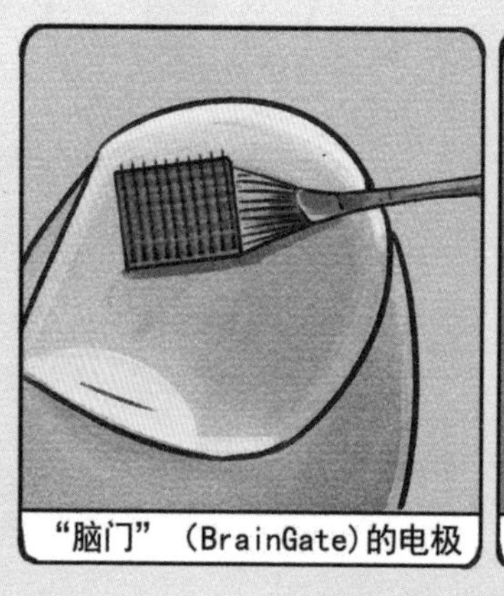

“脑门”（BrainGate）的电极

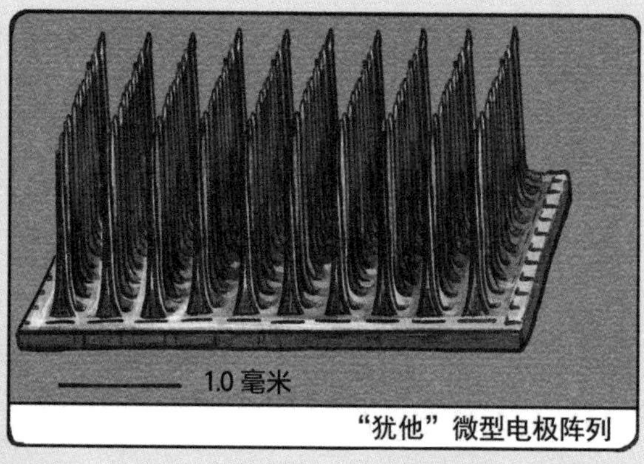

“犹他”微型电极阵列

令人郁闷的是，电极工作时间短，且不稳定，通常仅运行几个月就会停止工作。是什么原因造成这种情况发生的呢？科学家发现，在电极植入过程中，患者会出现两种生理反应，一种是手术时的急性反应，另一种是脑组织对电极植入的慢性反应。

手术时的急性反应　在植入电极的手术过程中，不可避免地会出现脑部血管的切断、破裂的情况。不过，科学家通过大量实验发现，这些急性反应如果不是特别严重的话，一般会在手术 2 ~ 4 个星期后减轻甚至消失。当然，如果手术失败导致病人失去意识或瘫痪就另当别论了。

脑组织对电极植入的慢性反应 大脑的免疫系统是一种被称为胶质细胞的“大脑卫士”。胶质细胞在检测到异物入侵时，会在侵入的电极周围生成一种试图吞噬、化解电极的酶。由于制作电极的材料非常不易被酶解，所以这些胶质细胞会释放出一种物质来杀死电极周围的神经细胞。这些被杀死的神经细胞附着在电极周围，把电极包裹起来。这些增生的胶质细胞和被杀死的神经细胞，被形象地称为“胶质瘢痕”，它们把电极和活的神经细胞隔开，起到绝缘的作用，使电极上接收到的脑皮层信号大大减弱。日积月累，电极最终会接收不到电波信号。大脑免疫系统为对抗异物入侵而产生的胶质瘢痕，是造成电极工作时间短、易失效的主要原因。

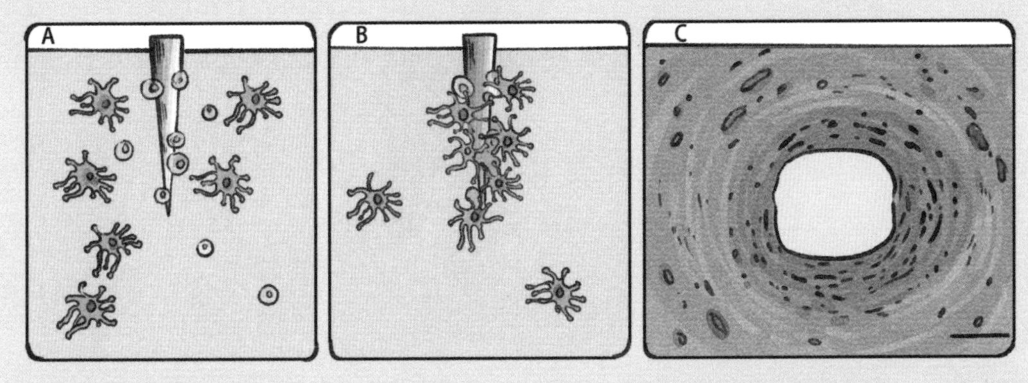

当出现这样的情况时，病人需要进行多次的外科手术来置换电极阵列，开颅就如家常便饭一样，这也太让人“脑洞常开”了。所以，“侵入式脑机接口”试验还有很多技术难关需要去攻克。

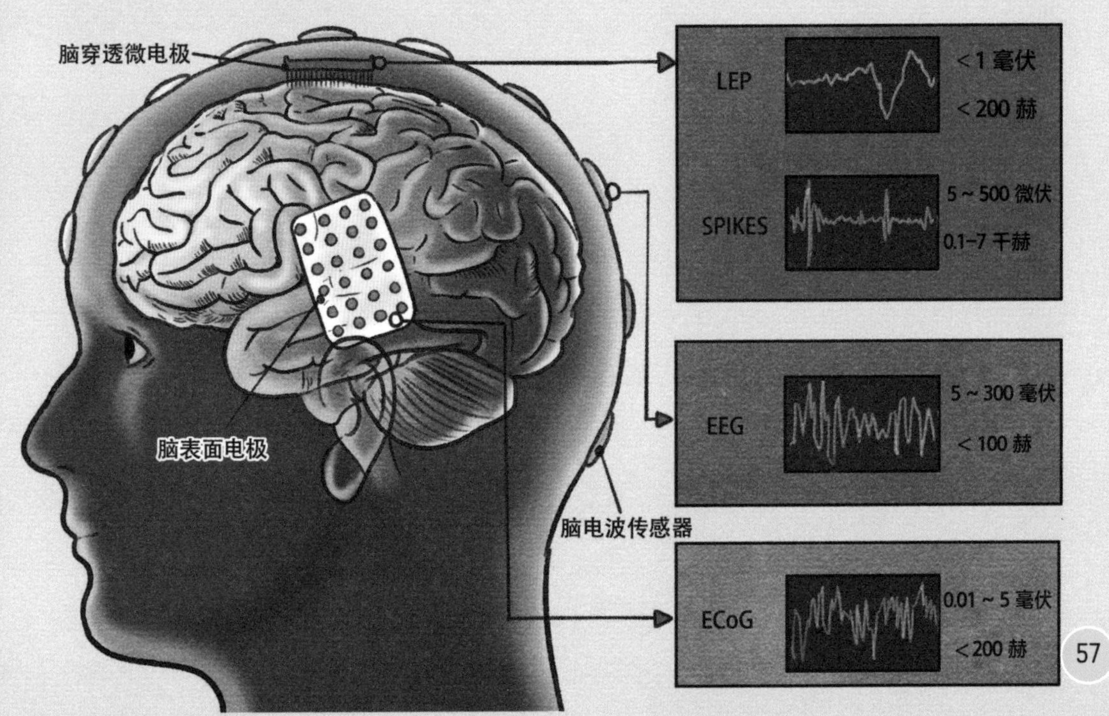

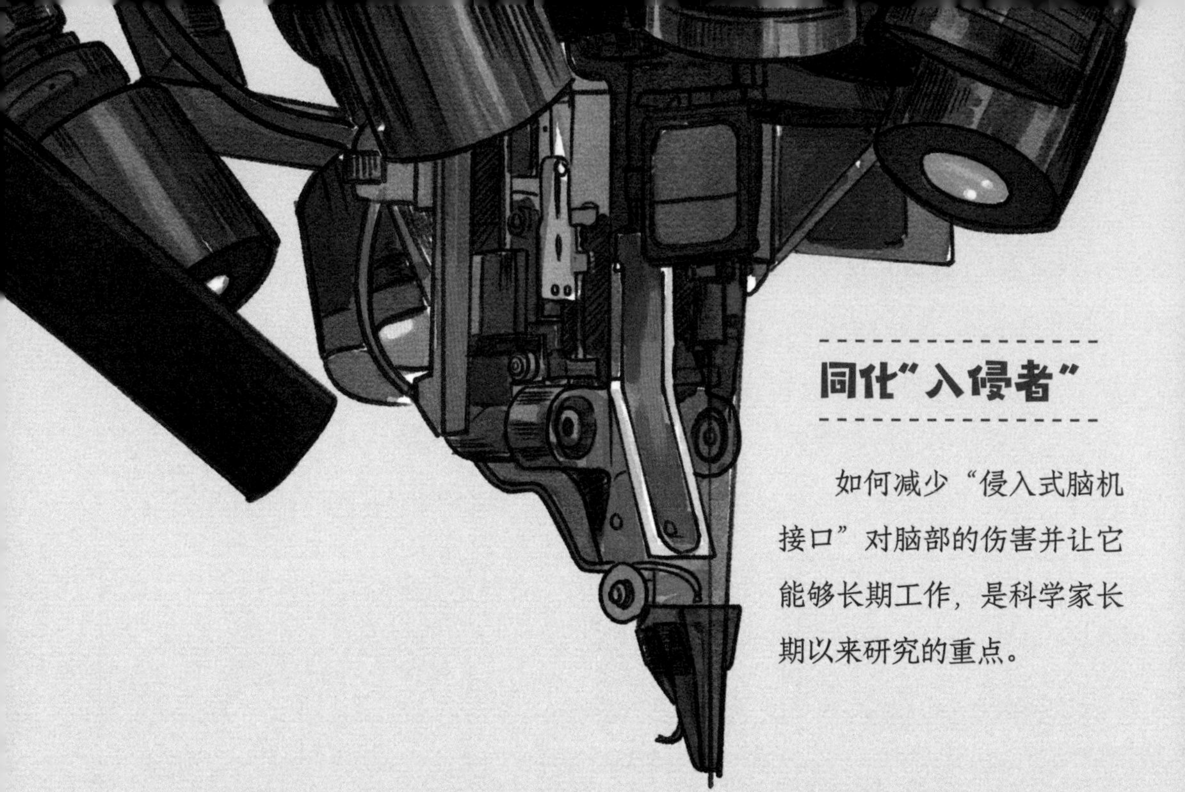

同化“入侵者”

如何减少“侵入式脑机接口”对脑部的伤害并让它能够长期工作，是科学家长期以来研究的重点。

第一种方法是“怀柔” 科学家们研制出了一种新型脑部植入电极。这种电极主要是由 2.5 微米厚的丝质基材组成，可以严密地贴合脑部曲折的表面。研究人员在超薄塑料层上铺上丝质基材，随后安置数十根金属电极。

丝质基材具有水溶性和生物兼容性的特性，被植入脑部后可以溶解，电极随即贴合脑部轮廓，自然固定。这种新植入的电极，丝质基料柔软超薄，灵敏度高，还可以抵达旧的脑部植入电极无法达到的大脑区域。科学家将新型电极植入到猫的大脑，随后检测猫的视觉中枢对植入电极的反应。结果显示，新型电极成功地记录了一个月中猫的神经系统活动，且猫脑未出现任何的发炎症状。

第二种方法是“安抚” 在植入电极的同时，植入能起消炎作用的药物，让药物慢慢地在脑内释放，消除炎症。

第三种方法是“疏导” 在电极上涂一层增强导电性的生物涂层，以抵抗胶质细胞的绝缘作用。有了这层导电的物质，电波就可以穿透“胶质瘢痕”。

第四种方法是“伪装潜伏” 在电极上涂一层物质，误导脑中的胶质细胞，把电极当作是脑体的一部分，而不是把它当作入侵异物。这样一来，胶质细胞就不会试图杀死“异物”，于是，“天下太平”。

还有一种非常巧妙的方法是“亲和同化” 在电极里加入神经营养物质，这种物质对脑部的神经细胞有亲和作用，鼓励脑神经细胞在电极周围生长。这不仅是“伪装”，而且是“同化”了。

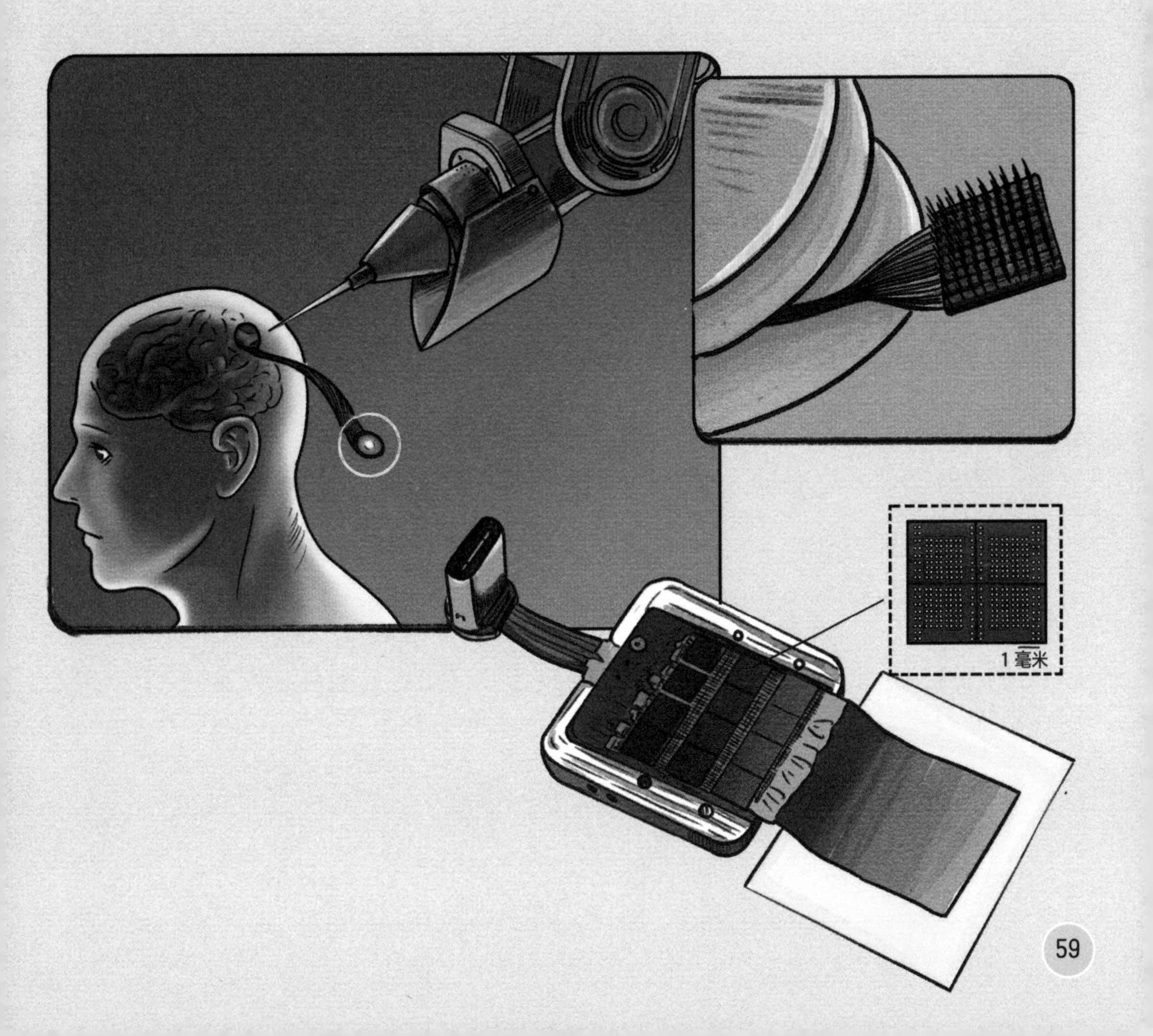

未来科学家小测试

1. 下列选项中，与人类“跑步前进”式进化没有关系的是（ ）。

A. 气候原因

B. 地球磁场变化

C. 人口膨胀

D. 火的运用

2. 生物的进化，归根结底是由（ ）引起的。

A. 竞争

B. 食物种类增加

C. 基因突变

D. 烹饪手段增加

3. 人类历史上的首个人造生命是（ ）。

A. 辛西娅

B. 多莉

C. 文特尔

D. 海弗利克

4. 步入 21 世纪，人类可以通过（ ）工程对人类自身基因进行“改良”。

A. 转基因

B. 基因

C. 生物

D. 仿生

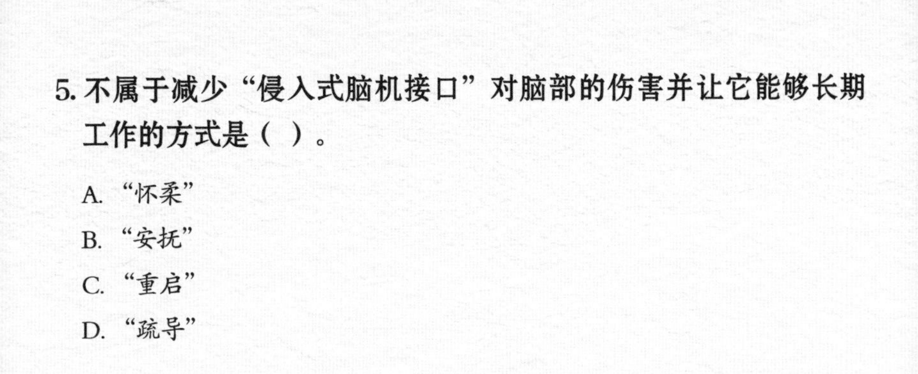

5. 不属于减少“侵入式脑机接口”对脑部的伤害并让它能够长期工作的方式是（ ）。

A. “怀柔”

B. “安抚”

C. “重启”

D. “疏导”

6. 请你谈一谈我们是否应该随意修改基因。

____

____

____

7. 请你谈一谈“侵入式脑机接口”技术对人类带来了哪些影响。

____

____

____

答案：1.D。2.C。3.A。4.B。5.C。

少年时编委会

图书在版编目（CIP）数据

人类升级2.0 / 小多科学馆编著；石子儿童书绘.
北京：电子工业出版社, 2024. 7. -- (未来科学家科
普分级读物). -- ISBN 978-7-121-48139-0

Ⅰ. Q98-49

中国国家版本馆CIP数据核字第2024FL6192号

责任编辑：肖　雪　季　萌
印　　刷：北京利丰雅高长城印刷有限公司
装　　订：北京利丰雅高长城印刷有限公司
出版发行：电子工业出版社
　　　　　北京市海淀区万寿路173信箱　邮编：100036
开　　本：889×1194　1/16　印张：24　字数：460.8千字
版　　次：2024年7月第1版
印　　次：2024年7月第1次印刷
定　　价：158.00元（全6册）

凡所购买电子工业出版社图书有缺损问题，请向购买书店调换。若书店售缺，请与本社发行部联系，联系及邮购电话：（010）88254888，88258888。

质量投诉请发邮件至zlts@phei.com.cn，盗版侵权举报请发邮件至dbqq@phei.com.cn。

本书咨询联系方式：（010）88254161转1860，xiaox@phei.com.cn。